KB058534

이런 수학은 처음이야 2

이런 수학은 처음이야 ②

읽다 보면 저절로 문제가 풀리는 '수'의 원리

최영기(서울대 수학교육과 교수) 지음

21세기북스

책을 펴내며

"이야기를 따라가다 보면 문제가 저절로 풀린다!"

'어떻게 하면 학생들이 수학을 즐겁게 공부할 수 있을까?', '어떻게 하면 학생들이 수학에 대해 긍정적인 생각을 갖고 즐겁게 공부할 수 있을까?' 이러한 고민 끝에 2020년 겨울 『이런 수학은 처음이야』 1권이 나왔다.

처음 시도한 방식으로 걱정도 많았지만 많은 학부모와 학생의 뜨거운 성원에 이렇게 『이런 수학은 처음이야 2』도 나올 수 있게 되었다.

『이런 수학은 처음이야』 1권이 '도형'에 관한 이야기라면, 이 책은 '수'에 관한 이야기다. 수학의 역사를 살펴보면 도형과 수는 서로 경쟁하지만 조화롭게 결합하고, 융합하고, 통합하면서 발전해왔다. 피타고라스는 “수는 만물의 근원이다”라고 수의 중요성에 대해 말했지만, 플라톤은 “기하를 모르는 자는 여기에 들어오지 말라”라고 기하의 중요성에 대해 이야기한 것만 보아도 수학에서 도형과 수가 차지하는 중요성에 대해 알 수 있다.

눈에 보이는 도형과 같은 기하학적 대상과는 달리 수라는 대상은 눈에 보이지 않는다. 그렇기 때문에 수라는 개념은 우리 마음에서 추상화하여 추출해야 한다. 즉 수의 개념은 우리의 생각을 통해 탄생하고 발전해나간 것이다. 수가 뻗어 나가는 모습, 자라나는 모습이 필연적인 것인지, 우연적인 것인지 알 수는 없지만 수의 세계에는 그 무엇보다 아름답고 깊은 개념이 담겨 있으며, 놀랍게도 자연과 우주의 법칙을 알아내는 데 수많은 기여를 하고 있다. 그래서인지 ‘우주는 수학적이다’라는 말도 있다.

또 수는 추상이라는 과정을 거쳐야 하기 때문에 어찌 보면 재미없을 수도 있고 어려울 수도 있다. 하지만 추상화된 것을 생각하면서, 보이지 않는 것들을 발전시켜가는 과정에서 생각이 깊어지는 결과들을 낳을 수도 있다. 이것이 바로 ‘도형’ 다음으로 ‘수’를 택한 이유다.

또 아이들이 수학을 처음 접할 때 수학을 어려워하는 가장 큰 이유가 바로 연산이다. 연산을 어려워하는 이유는 눈에 보이지 않는 것들을 개념화하는 과정이 쉽지 않기 때문이다. 연산을 익히는 과정에서 혼자 머릿속으로 문제를 푼 것에 만족하게 하지 말고, 이를 설명하게 하는 식으로 학습한다면 학생들이 원리를 확실하게 터득할 수 있을 것이다. 더 나아가 학년이 올라감에 따라 계산 이상을 볼 수 있는 안목, 수에 대한 호기심을 키우는 것이 매우 중요하다. 연산능력과 함께 수에 대한 안목을 갖는 것이야말로 수학교육의 대단히 중요한 측면이라 할 수 있다.

'지식'이라는 것은 내용을 무조건 머리에 넣는다고 그것이 쌓여 지식이 되는 것이 아니다. 본인의 능력으로 해석된 지식만 살아남는다. 본인의 능력으로 해석하는 단계에 이르기 위해서는 우선 흥미를 느끼며 수학을 공부하는 것이 필요하다.

흥미를 느끼게 하는 중요한 방법 중 하나가 바로 스토리다. 음악이나 미술에서도 작품의 스토리를 알면 작품에 대해 더 깊게 이해할 수 있다. 이처럼 스토리는 생각할 수 있는 공간을 주는 데 아주 효과적이다. 스토리를 통한 학습으로 수학에 흥미를 느끼게 되고, 흥미를 느낄수록 배운 지식을 자기 나름의 방식으로 해석할 수 있는 공간이 생기게 되는 것이다.

이 자기 나름의 공간이야말로 탁월함으로 가는 열쇠다. 이러한 이유로 이 책에서는 수의 개념과 원리에 스토리를 입혀, 읽는 이의 흥미와 생각의 영역을 확장할 수 있도록 했고, 사이사이에 나름의 생각할 수 있는 공간을 줄 수 있도록 이야기를 풀어냈다.

물론 숫자라는 것이 종이 위에 쓰여 있을 때는 딱딱하고 생명력이 없는 것이다. 그러나 그 안에 있는 개념까지도 생명력이 없는 것은 아니다. 수학 공부를 진정으로 의미 있게 하기 위해서는 딱딱한 수식으로 문제를 반복해서 푸는 것에 그치지 않고, 그 안에 있는 개념을 알아내는 기쁨에까지 도달해야 한다. 그 기쁨은 앎에 대한 즐거움을 깨닫게 할 뿐 아니라 우리의 삶을 발전적으로 이끌 수 있을 것이다.

이 책을 통해 바라는 바는 학생들이 딱딱한 숫자 속에

서 아름다운 개념과 심오한 뜻을 깨닫고, 인간의 놀라운 창의력과 합리적인 정신을 느끼는 것이다. 지금 당장은 아이의 수학 점수가 만족할 만한 수준이 아니더라도, 수학이 공부할 만한 가치가 있다는 걸 깨닫기만 한다면 걱정할 필요가 없다. 수학의 가치를 깨닫는 학생은 수학을 잘할 뿐 아니라, 수학적 능력을 잘 활용해 미래사회에 필요한 영역을 개척할 수 있는 능력을 소유하게 되리라 믿는다.

부디 누구에게나 내재되어 있는 앎을 향한 희열의 불이 붙을 수 있기를 희망한다.

이 책을 위해 도움을 준 아내 김선자 선생에게 감사를 표한다. 책의 방향성과 내용에 대한 나의 이야기를 진지하게 들어주고, 내 생각들이 학교에서 가르치는 수학의 맥락과 수준에서 어떻게 연결될 수 있는지 조언과 아이디어를 주었으며, 독자들이 좀 더 쉽고 편하게 이해할 수 있도록 문장을 다듬어 주었다. 다시 한번 삶의 동반자인 아내와의 만남에 감사한다.

북이십일 장보라 님, 정지은 님을 비롯해 이 책에 대한 여러 분의 열정과 멋진 마무리에 감사드린다. 무엇보다 『이런 수학은 처음이야』 대한 독자분들의 뜨거운 성원과 격려 덕분에 『이런 수학은 처음이야 2』가 나오게 되었다. 그분들 모두에게 감사를 전하고 싶다.

2021년 5월

최영기

프롤로그
호기심과 상상력이 만들어낸 놀랍고도 신기한 수의 세계!

'수학' 하면 떠오르는 게 뭐야?

아마도 가장 먼저 수, 그다음엔 계산을 떠올릴 거야. 그런데 어때? 계산은 좀 지겹다는 생각이 들지 않아? 어쩌면 반복되는 계산 때문에 수학을 지겨운 과목이라고 생각해서 싫어하게 된 사람들도 분명 있을 거야.

그런데 우리는 늘 수와 함께 살아왔고, 지금도 들판 어디에서나 볼 수 있는 꽃처럼 수는 우리 삶의 곳곳에 정말 가까이 자리 잡고 있어. 수학에 수가 없는 건 지구상에 햇빛이 없는 것과 같아. 게다가 수는, 알고 보면 꽃처럼 아름답고 순수하지.

모든 생명체는 자란다는 특성이 있지. 그런데 수도 마치 생명체인 것처럼 탄생한 이후 계속해서 자라왔고 지금도 성장하고 있어. 수의 성장은 제멋대로 아무렇게나 성장하고 확장해온 것이 아니라, 인간의 호기심과 상상력을 바탕으로 이성과 순수함을 통해서 자신만의 탄탄한 세계를 형성해왔어. 그렇게 자라난 수는 깊은 개념을 지니게 됐고, 아름다움과 순수함의 깊이도 한층 더해졌지.
그렇지만 수를 성장시키는 과정이 항상 평탄하지만은 않았어. 때로는 개념 간에 충돌하는 일도 있었고, 그 갈등을 해결하기 위해 지독한 어려움을 겪기도 했지. 그러나 인류사가 늘 그래왔듯이, 우리 인간은 치열하고 끊임없는 노력 속에서 놀라운 상상력과 새로운 발상으로 그 난관을 돌파해왔어! 그래서 지금 우리가 아는 수의 모습이 된 거야.

양수, 영, 음수, 정수, 유리수, 무리수, 실수, …

지금도 수는 여러 가지 모습으로 표현되어 다른 분야와 조화롭게 결합하고 융합하면서 계속 발전해가고 있어. 수는 이렇게 인간의 상상 속에서 자랐지만, 신비롭게도 자연과 우주의 현상에 대한 놀라운 응용력을 갖고 있어. 우주에서 지구가 차지하는 영역은 불면 훅 날아갈 먼지만큼도 안 되는데다 인간은 그 작디작은 지구의 한 모퉁이에 서 있는 존재일 뿐이잖아. 그런 우리의 상상력으로 발전시킨 수의 성질들이 우주의 본질을 꿰뚫는 거지.

수를 계산하면서 지겹다는 생각이 들고 때때로 잘못된 결과 탓에 혼란스러움을 느끼기도 하겠지만, 수는 우리에게 주어진 선물이라는 것을 잊지 말기를 바라. 수는 우리가 노력한 만큼 꼭 보답을 해줘. 정말로 소중한 선물이지.

피타고라스Pythagoras는 본질적인 만물의 실제는 수의 변하지 않는 순수한 원리에 기본적인 바탕을 두고 있다고 생각했어. 또한 수를 공부함으로써 인간의 영혼이 더 높은 곳을 지향할 수 있다고 봤지. 그만큼 수가 진리의 세계와 가깝고 밀접하다고 여긴 거야.

수의 세계를 탐구하다 보면 우리 인간의 놀라운 상상력과 관념의 세계를 경험할 수 있어. 이제 수에 대해 알고 싶다는 생각이 들지 않니? 자, 호기심과 순수함의 안전띠를 매고 여행을 떠나보자.

numbers

2강 '수'는 어떻게 완벽하게 됐을까?

유한소수 · 무한소수 · 순환소수 · 실수

3강 '수'는 세상을 아름답게 만든다

가우스, 파스칼, 오일러와 함께

$$\int e^x dx = e^x + C$$

$$a^n a^m = a^{n+m}$$

$$x^2 + 3y^2 = 0$$

$$+ by = u$$

$$+ dy = v$$

$$x^2 + (a+b)x + ab = (x+a$$

$$x^3 + 3ax^2 +$$

$$2^{4y+1} - 3^y = 0$$

$$2\log_a(\sqrt{x}) - \log_a(3x+2)$$

$$\int \frac{x}{\sqrt{1-9x^2}} dx$$

$$A = P(1+$$

$$4^{5-9x} = \frac{1}{8^{x-2}}$$

$$i^2 = -1$$

$$|a+bi| = \sqrt{a^2+b^2}$$

$$\begin{bmatrix} 6 & 3 \\ -1 & 2 \\ 5 & -1 \end{bmatrix}$$

$$(a^n)^m = a^{nm}$$

$$p(x) = (x-r)Q(x)$$

$$\int \frac{\cos(\sqrt{x})}{\sqrt{x}} dx$$

$$\frac{8}{x+1}$$

$$f(x) = ax^2 + bx + c$$

$$\sqrt[n]{a} = a^{\frac{1}{n}}$$

$$\sqrt[n]{ab} = \sqrt[n]{a}\sqrt[n]{b}$$

$$d(P_1, P$$

$$\log_b(xy)$$

$$\frac{b \pm \sqrt{b^2 - 4ac}}{2a}$$

$$\int \sec y\, dy =$$

$$(x-h)^2 + (y-k)^2 = r^2$$

$$2x\cos^5 2x\, dx$$

1강

'수'는 어떻게 생겨났을까?

0의 탄생·자연수·정수
그리고 유리수와 무리수

11은 어떻게 읽을까?

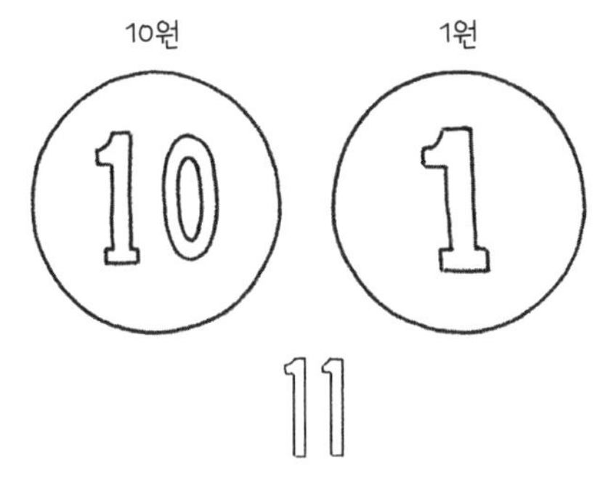

위의 그림을 보면 동전 두 개가 있고 '11'이라고 쓰여 있지? 그런데 로마 시대 사람들에게 이 동전 두 개를 보여주며 '11'을 읽어보라고 하면 어떻게 읽었을 것 같아? 우리처럼 '11(십일)'이라고 읽었을까? 아니, 그들은 분명 '2(이,

둘)'라고 읽었을 거야. 무슨 황당한 이야기냐고?

500여 년 전인 중세 유럽에서는 '11'을 1이 두 번 반복된 '2(둘)'로 생각하고 2로 사용했어. 왜 그렇게 생각했을까?

그때는 자릿수의 개념을 사용해서 수를 표현하지 않고 수를 각각의 이름으로 사용했기 때문이야. 즉, '11'이라는 기호는 지금의 십일이 아니고 '2'라는 수의 이름이었기 때문에 당연히 그들에게 11은 2라는 수를 의미했지.

잠깐, 일 원짜리 동전 두 개를 십일 원으로 변신시키는 방법은 없을까? 무슨 엉뚱한 소리냐고? 가끔은 엉뚱한 발상이 놀라운 발명의 출발점이 되기도 하니, 우리도 한번 해보자.

계산할 때 쓰이는 주판에서 주판알을 일 원짜리 동전으로 만들었다고 상상하고, 동전의 가격은 주산의 계산 방법에 따라서 정한다고 생각해봐.

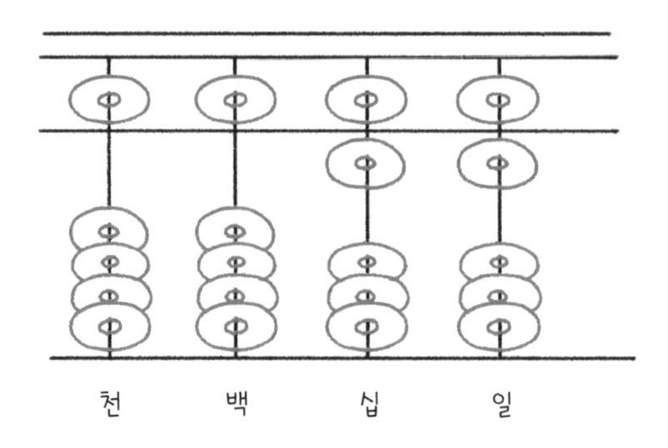

주산에서는 위로 올려진 일 원짜리 동전의 놓여 있는 자리에 따라 의미하는 값이 달라. 그림에서 보면 '일(1)' 두 개가 나란히 놓여 있잖아? 하지만 이것은 2가 아니라 '십일(11)'을 의미해. 즉 하나는 십(10)을, 다른 하나는 일(1)을 나타내는 거지. 놓여 있는 자리에 따라 똑같은 일 원짜리 동전이지만 의미하는 가격이 달라지는 거지.

자릿값
- 인류 역사상 가장 창의적인 발견!

종이 위에 수를 주판과 같은 방법으로 표현해볼까? 10의 자리에 있는 1과 빈칸(| 1 | 빈칸 |)으로 된 수를 '십 원'으로 읽게 하고, 빈칸이 없는 수 1(| 1 |)을 그대로 '일 원'으로 읽게 하면 앞에서 했던 엉뚱한 발상(즉, '일 원짜리 동전 두 개를 십일 원으로 변신시키는 방법은 있을까?')에 대한 답이 되지.

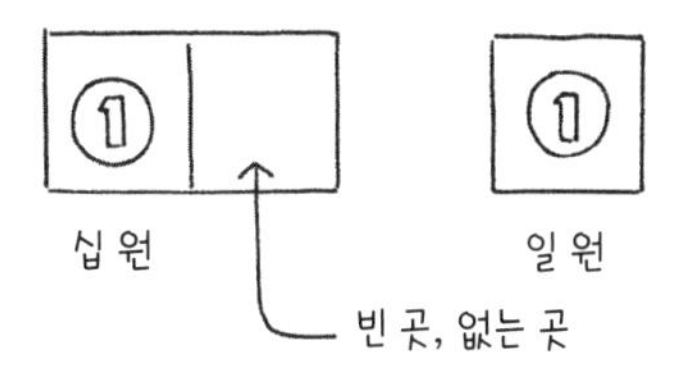

그런데 칸을 만들어서 쓰기가 번거로우니, 칸을 없애고 빈칸을 0이라는 기호로 표시하면 어떨까?

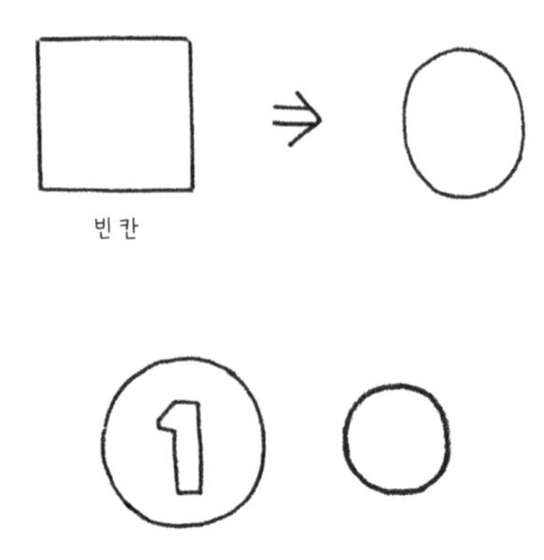

0이라는 기호를 사용하고 수가 놓인 자리에 따라 그 값이 달라지는 원리를 자릿값이라고 해.

자릿값은 수학 역사상 가장 놀라운 발견 중의 하나야. 자릿값이 없던 시절로 돌아가 볼까? 옛날 로마 사람들처럼 자릿값에 대해 생각하지 못하고 11을 2라고 읽어야 했던 시절 말이야.

자릿값이라는 생각을 하려면 빈칸, 즉 기호로 0이라는 생각을 해야 하는데 그때까지만 해도 유럽에서는 0이라는 생각을 전혀 하지 못했어. 왜 0을 생각 못 했는지는 조금 있다가 이야기해줄게. 자릿값이라는 것을 생각하지 못했던 유럽에서는 숫자를 나타낼 때 주로 로마 숫자를 썼어. 아래 시계에서처럼 I, V, X … 이렇게 쓰여 있는 글자를 본 적 있지? 이게 바로 로마 숫자야.

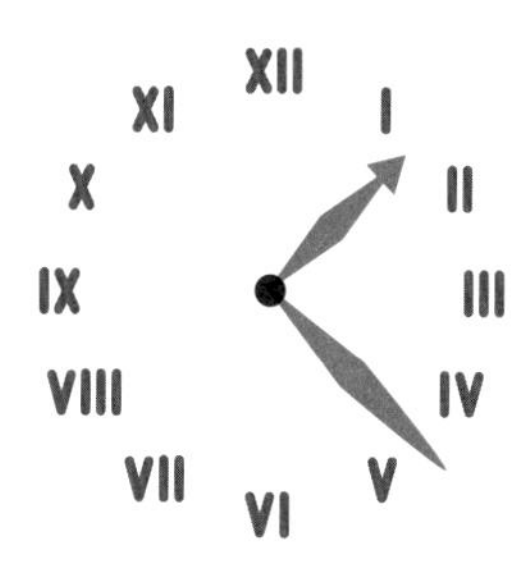

로마 숫자에 대해 간략하게 이야기해볼게. 요즘도 로마 숫자를 종종 볼 수 있으니까.

로마 숫자는 자릿수의 개념으로 수를 나타내지 않고, 각각의 이름으로 수를 표현했어.

1	5	10	50	100	500	1000	…
I	V	X	L	C	D	M	…

1은 I, 5는 V, 10은 X, 50은 L, 100은 C, 500은 D, 1000은 M으로 나타내고 이 일곱 개의 수를 기본으로 수

를 표현한 거야. 5, 10, 50, 500, …. 이처럼 로마 숫자에서는 5가 기본이 되는 수야.

왜 5가 기본수인지도 궁금하지? 그건 손과 손가락 수와 관련이 있어. 로마 사람들은 5를 손 하나를 이용해 표시한 것으로 생각했다고 해.

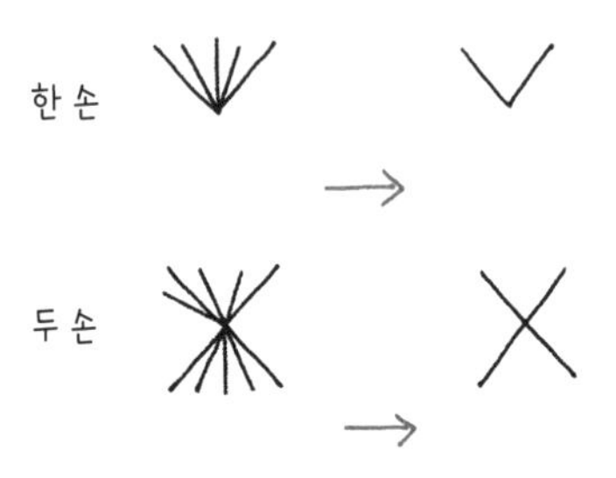

우선 1부터 10까지를 어떻게 나타냈는지 살펴보자. 이것만 잘 이해하면 더 큰 수의 표현법도 이해하기가 쉬워.

1	2	3	4	5	6	7	8	9	10
I	II	III	IV	V	VI	VII	VIII	IX	X

로마 숫자는 기본 수에 계산 규칙을 적용하여 다른 수들

의 이름을 표현했어.

- 큰 수를 나타내는 로마 숫자가 왼쪽에 놓여 있으면 '더하기'
  - 예: VI→ 큰 수 5(V)의 오른쪽에 작은 수 1(I)이 놓여 있으니 더하면 돼. 즉 5(V)+1(I)=6

- 작은 수를 나타내는 로마 숫자가 왼쪽에 놓여 있으면 '빼기'
  - 예: IV→ 큰 수 5(V)의 왼쪽에 작은 수 1(I)이 놓여 있으니 빼면 돼. 즉 5(V)-1(I)=4

- 숫자 위에 막대를 그으면, 그 숫자의 값에 1000을 '곱하기'
  - 예: $\overline{X}$→ 10×1000=10,000

    예: $\overline{C}$→ 100×1000=100,000

이런 식으로 IX는 9를 나타냈고, XC는 90을 나타냈어. 예를 들어 529를 로마 숫자로 표현하면 어떻게 될까? 좀 어렵지? 답은 DXXIX야. D=500, X=10, X=10, IX=9니까. 앞에서 이야기했듯이 로마 숫자는 각각의 이름이 있고 자릿값의 개념이 없는 거지.

로마 숫자, 어때 보여? 우리에게 익숙한 아라비아 숫자(1, 2, 3, 4, …)처럼 한눈에 들어오지는 않지? 로마 숫자라도 그나마 백 단위까지는 알아볼 만해. 그런데 천 단위가 넘어가면 상당히 복잡해져. 예를 들어 아라비아 숫자 3964를 로마자로 쓰면 MMMCMLXIV인데, 어디까지가 천 단위이고 어디까지가 백 단위인지 헷갈릴 정도야.

로마 시대 표기법으로 3964×529를 써볼까? 바로 'MMMCMLXIV×DXXIX'가 돼. 그런데 이걸 계산해야 한다면? 아, 생각만 해도 어지럽다.

$$\begin{array}{r} \text{MMMCMLXIV} \\ \times \quad \text{DXXIX} \\ \hline \end{array}$$

계산이 너무나 복잡하고 난해해서, 아무리 머리 좋은 당대 석학이라도 이 문제를 쉽게 풀지는 못했을 것 같아. 하지만 우리는 쉽게 계산할 수 있잖아. 자릿값의 개념을 이용해서 다음과 같이 나타내면, 그까짓 거 금방이지. 안 그래?

$$\begin{array}{r} 3964 \\ \times \quad 529 \\ \hline \end{array}$$

로마 시대처럼 곱하기를 안 하는 것이 얼마나 다행이야! 수학에서 자릿수의 등장은 엄청 혁신적인 사건이었어. 사칙연산을 쉽게 할 수 있게 해주는 자릿값의 가치를 한 번 생각해보기 바라. 가치를 안다는 것은 공부하는 데 너무나 중요한 일이야. 가치를 알면, 재미를 느낄 수 있거든.

0의 탄생
- 없음을 표현하라고?

그리스와 로마, 중세 유럽에 이르기까지 위대한 문명의 시기로 일컬어지는 그때, 왜 이처럼 편리한 자릿수를 생각하지 못했을까? 그것은 0이라는 수와 밀접한 관련이 있어.

사람들이 수를 처음 사용할 때부터 0이라는 수도 같이 사용했을까? 그렇지 않아. 인류는 1부터 100만까지의 수를 약 5000년 전부터 기호로 나타낼 수 있었다고 해. 그런데 유독 0만은 아주 오랫동안 존재를 드러내지 않았어. 유럽 중세 시대까지도 0의 사용이 일반화되지 않았던 거지.

왜 0은 다른 수에 비해 그토록 늦게 발견됐을까? 아마도 당시에는 0의 사용이 별로 절실하지 않았기 때문 아닐까?

우리가 어떤 것을 표현할 때는 표현하고자 하는 대상이 있지. 그 대상은 책이나 사과와 같이 구체적인 것일 수도 있고, 사랑이나 행복과 같이 추상적인 것일 수도 있어.

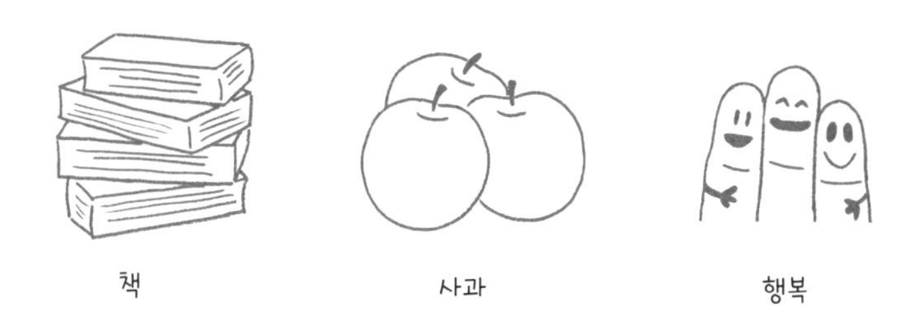

하지만 0은 대상이 없는 것을 표현하는 기호야.

'없다'라는 것을 대상으로 인지하기란 쉽지 않아. 그래서 예전에는 '없다'라는 표현을 할 필요도 없었고 표현할 방법 또한 마땅치 않아 오랫동안 그에 대한 수학적 표현이 없었지.

그러다가 '없다'라는 것을 수학적으로 표현할 필요성을 느끼게 되어 기호 '0'으로 표시하게 된 거지.

'0'을 생각해낸 건 서양이 아닌 동양이었어. 수학은 서양에서 더 발달했음에도 0을 동양에서 더 먼저 발견한 이유는 '없는 것無'에 대한 동서양의 인식 차이 때문이야. 고대 서양에서는 없음과 있음의 이분법적 사고방식에 지배받았기 때문에 없는 것에 대해 논의할 필요를 느끼지 못했어. 그래서 '없음'이라는 개념을 생각할 수 있는 영역에서 배제했어. 이에 반해 동양에서는 있는 것이 없는 것이고, 없는 것이 있는 것이라는 '색즉시공 공즉시색色卽是空 空卽是色'이라는 말에서 알 수 있듯이 없음에 대한 개념이 사유의 중심에 서 있었지. 그래서 '없다'라는 것을 어떤 상징을 이용해 표현할 필요성을 서양보다 먼저 느끼게 됐고, 그래서 0이 탄생하게 된 거야.

십진법의 세계가 열리다

0은 없음을 나타낼 뿐 아니라 '비어 있음'을 나타내기도 해. 예를 들어 '비행기가 일등석 예약 0석으로 출발했다'라고 할 때의 0은 일등석이 없다는 것이 아니고 일등석이 '비어 있다'는 뜻이지. 다시 말해 '있지만 빈자리'라는 얘기야.

이것을 숫자에 적용해보면 빈자리라는 개념이 생기는데, 비웠다는 것은 다시 채울 수도 있다는 것을 말하겠지? 이제 '하나'를 뜻하는 숫자를 1로 쓰고, 다음을 비교해보자.

'1'과 빈자리를 의미하는 '0'이라는 두 개의 기호로 표시된 10(일영)은 '하나'라는 표현 1과는 다른 의미가 돼. 즉 같은 1이라도 어떤 자리에 위치하느냐에 따라 값이 달라지는 현상이 생기는 거지. 숫자 10(일영)이 '열'을 의미하게 하고, 하나의 기호로 만들어진 숫자는 두 개의 기호로 만들어진 숫자보다 작은 수로 규정해보자.

빈칸을 0으로 쓰고, 빈칸에 1을 넣은 것은 '하나'를 의미하게 하자. 그러면 나머지 둘, 셋, 넷, …, 아홉을 표현하는 빈칸에 넣을 기호, 즉 숫자가 필요하게 되겠지.

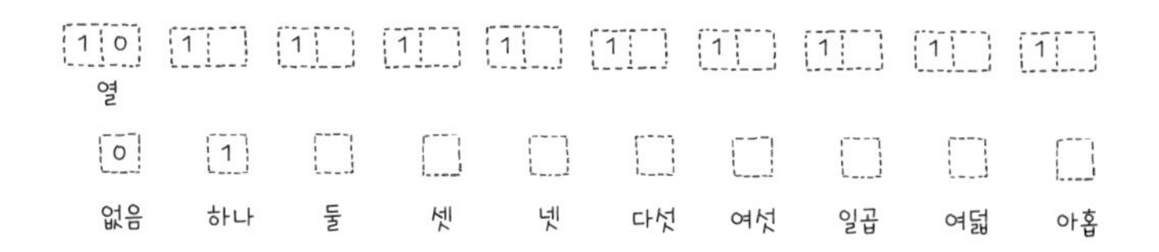

그 숫자를 아래와 같이 놓아보자.

2, 3, 4, 5, 6, 7, 8, 9

그러면 이제 아래와 같이 열 개의 기호만 있으면 되는 거야.

0, 1, 2, 3, 4, 5, 6, 7, 8, 9

이 열 개의 기호만 있으면 어떤 수라도 표현할 수 있는 놀랍고도 간편한 십진법의 수 세계가 열리게 돼.

예를 들어 두 자리로 만들어진 가장 큰 수인 99 다음 수를 만들 때 빈자리 하나를 더 만들면 세 자리의 숫자 100(일영영)인 '백'으로 표현할 수 있지. 111은 100의 자리에 1, 10의 자리에 1, 그리고 1의 자리에 1로 구성되어 '백십일'을 뜻하게 되지.

놓인 자리
- 계산이 이렇게 쉬운 거라니!

같은 수라도 놓인 자리에 따라 값이 달라지니, 그만큼 놓인 자리는 수에서 굉장히 중요한 의미가 있어.

반면 로마 숫자와 같이 자릿수의 개념이 없는 숫자 표현 방법에서는 더 큰 수를 나타내려면 새로운 기호들이 계속 필요해. 한자로 표현되는 수나 한글로 표현되는 수도 자릿수의 개념이 없는 숫자 표현 방법이야.

앞에서도 언급했지만, 자릿수라는 획기적인 방법을 사용함으로써 계산이 엄청나게 쉬워지고 편리해졌어.

MMMCMLXIV	삼천구백육십사	三千九白六十四
× DXXIX	× 오백이십구	× 五百二十九

⇩

3964	3964
× 529	× 529
35676	35676
79280	7928
1982000	19820
2096956	2096956

그런데 보통 자릿수를 나타내는 0들은 생략해. ⇨

자릿수의 개념을 적용한 아라비아 숫자를 이용하면 이런 100만 단위의 계산을 쉽게 할 수 있지. 네가 생각하기에도 위의 로마 숫자로 계산을 하는 것은 어려워 보이지 않니? 그래서 중세 유럽에서 이렇게 복잡한 계산을 한다는 것은 특별한 일이었고, 그런 일을 해내는 이들은 특별한 사람으로 인정을 받았지.

물론 그 후로 유럽에서 자릿수의 개념을 적용함으로써

복잡한 계산이 누구나 할 수 있는 일이 됐지만 말이야. 계산의 대중화는 산업의 발전과도 관련이 있어. 상품을 대량 생산하면서 이것들을 계산해야 할 필요성이 절실해진 거지. 무언가 절실하면 더 많은 생각을 하게 되고, 더 좋은 결과를 얻을 수 있는 확률이 분명히 있는 것 같아. 그 절심함 때문에 오늘날 우리가 쉽게 계산을 하고 있는지도…. 아무튼, 수의 자릿수에 대한 개념은 인류 역사상 가장 혁명적이고 창의적인 발상 중 하나야.

만약 우리의 손가락이 여덟 개라면?

왜 우리는 10(일영)을 5나 8로 부르지 않고 '열(십)'이라고 부를까? 당연히 열(십)이 되면 자릿수가 바뀌는 십진법(십을 단위로 자릿수가 바뀜)을 쓰기 때문이지. 그렇다면 왜 십진법을 쓰게 됐을까?

아마도 가장 큰 이유는 다섯 개의 손가락을 가진 두 손이 있어서 열 개의 손가락을 이용할 수 있기 때문이었을 거야. 우리의 손가락이 여덟 개였다면, 10(일영)으로 표시된 기호가 '여덟'을 의미하게 하여 팔진법을 썼을 거야[팔진법에서 10(일영)은 8]. 두 자리 숫자인 10이 여덟이니(팔진법에서는 8부터 자릿수가 바뀌어 두 자릿수가 됨) 한 자리 숫자(1의 자리)들은 여덟보다 작아야 해. 그래서 0, 1, …, 7이라는 여덟 개의 기호를 써서 수를 표현하는 팔진법의 수 세계가 열리게 되지.

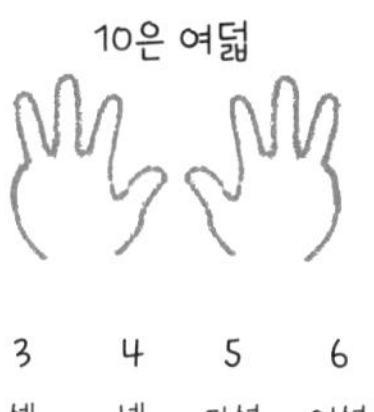

1	2	3	4	5	6	7	10
하나	둘	셋	넷	다섯	여섯	일곱	여덟
11	12	13	14	15	16	17	20
아홉	열	열하나	열둘	열셋	열넷	열다섯	열여섯
⋮							
71	72	73	74	75	76	77	100
쉰일곱	쉰여덟	쉰아홉	예순	예순하나	예순둘	예순셋	예순넷

만약 손가락이 두 개였다면 10(일영)이라는 기호는 '둘'을 의미하게 되고, 0과 1이라는 두 개의 기호만을 사용해 모든 수를 나타내는 이진법의 수 세계를 사용하고 있겠지? 지금의 컴퓨터 세상처럼 말이야.

실제로 자릿수를 뜻하는 '디지트digit'라는 영어 단어에는 손가락이라는 뜻도 포함되어 있어. 자리에 들어갈 수 있는 수가 0과 1 두 가지밖에 없는 이진법과 같이, 디지털에서는 신호가 꺼져 있으면 0, 켜져 있으면 1로 표시하는 두 가지 경우밖에 없어. 여기서 비트bit라는 개념이 생겨난 거야[bit는 binary digit(이진수)의 약자]. 이 개념을 바탕으로 이진법을 이용한 디지털 시대로 이어지면서 세상이 놀랍도록 변화하게 됐지.

0
– 나는 수의 중심이자 희망이야!

유럽에서는 0이 도입되고서도 600여 년이 지나도록 사용하길 꺼렸어. 아니, 거부했다는 표현이 맞을 거야. 왜냐고? 간단히 말하면 그냥 습관 때문에.

우선 그들이 쓰고 있는 로마 숫자의 방식을 바꾸면 그에 따라 바꿔야 할 것들이 너무 많은데, 그게 매우 번거로웠던 거지. 또한 그 정도의 혼란을 감당할 만큼, 큰 수를 계산해야 하는 일이 그다지 많지 않았던 것도 한 가지 이유야. 큰 수를 계산해야 할 때는 번거롭기는 하지만 주판 같은 도구를 쓰면 됐거든.

이런저런 이유로 0과 자릿수의 개념을 사용하지 않고 계산을 어렵게 해야만 했던 시절에는, 앞서 말했듯이 그런 계산을 할 수 있는 사람이 특별한 능력을 지닌 것으로 인정을 받았어.

그러나 인구가 점점 증가하고 산업혁명의 시대를 거치면서 큰 수를 계산할 일이 많아졌고, 이에 따라 자릿수의 개념으로 수를 표현하는 아라비아 숫자를 받아들일 수밖에 없었지.

아라비아 숫자에 의한 계산 방식이 일반화되자, 계산이 더는 특별한 사람의 전유물이 아니고 보통 사람도 할 수 있는 시대가 열린 거야. 어떤 면에서는 이것이 시민사회의 등장과 산업혁명을 촉진했다고도 볼 수 있어. 그리고 아라비아 숫자는 수학과 과학의 발전에 지대한 공헌을 하게 됐어.

인간과 마찬가지로, 문화에서도 습성을 바꾸기가 매우 어려워. 모든 것에는 때가 있는 법이거든.

왜 합리적인 방법이 있는데 바꾸려 들지 않느냐고 다른 사람을 비방하면 곤란해. 모든 것에는 때가 있어.

우리는 무언가를 측정할 때 시작점을 0으로 놓잖아. 그런데 0을 사용하기 전에는 시작을 1로 했어. 지금도 그런

습관이 곳곳에 남아 있어. 예를 들어 건물의 층수를 말할 때 1층, 2층, 지하 1층, 지하 2층이라고 하지. 0층이라는 말은 안 쓰잖아.

측정의 시작점을 나타내는 0은 시작한다는 뉘앙스도 담고 있어. 없는 것으로부터 새로운 것을 여는, 그래서 희망이라는 의미로도 생각할 수 있지. 영어로 그라운드 제로ground zero 라는 말이 있는데 폐허가 되어 모든 것이 없어진 곳이라는 의미도 있지만, 새로운 것을 연다는 의미도 있어. 없는 것에서부터 새로운 것을 얻는 거지. 없다고, 아무것도 모른다고 좌절하지 않아도 되는 이유가 아닐까 싶어.

다른 수보다 늦게 등장했지만 0은 수의 중심이 되어 중요한 역할을 담당하고 있어.

'수'는 우리 모두의 마음속에 존재해!

사랑은 모양이 있을까? 만질 수 있을까? 사람들은 볼 수도 만질 수도 없는 사랑을 ♥라는 표시로 형상화해 사용하고 있지.

그렇다면 '하나(1)'를 우리 눈으로 볼 수 있을까? 1을 만질 수 있을까?

1 역시 형상이 없으니 볼 수도, 만질 수도 없어. 그럼 1은 어디에 있는 거지?

바로, 우리의 마음속에 있는 거야. 이것을 '개념'이라고 하는데 영어로는 'concept(콘셉트)'야. 이 영어 단어는 con과 cept로 분리해 생각할 수 있는데, con은 '같이'라는 의미이고 cept는 '잡다, 파악하다'라는 의미지. 그러므로 개념은 '우리가 같이 가지고 있는 생각'이라는 뜻이야. 즉 1, 2, 3, …과 같은 수는 너도 가지고 있고 나도 가지고 있는, 모든 인간이 보편적으로 가지고 있는 개념이라는 얘기지.

신기하지! 눈에 보이지도 않는 수라는 개념이, 사는 곳도 다르고 서로 교류하지도 않았는데 우리 모두에게 같은 의미를 지닌다니!!

따로 배우지도 않았는데 우리 모두가 선천적으로 그런 개념을 가지고 있다는 점이 의아할 수도 있지만, 거미가 집을 짓는 걸 생각해봐. 그들이 거미 학교에서 집 짓는 걸 배웠을까? 아니지. 거미에게 선천적으로 집을 짓는 본능이 있듯이, 우리 인간도 선천적으로 똑같은 수 개념을 갖고 있을 수도 있겠지.

그런데 과학자들의 연구 결과에 따르면 까마귀와 같은 새나 꿀벌 등도 기본적인 수 개념을 갖고 있다고 해.

수는 어떻게 자라나는 걸까?

1, 2, 3, 4, 5, …와 같은 수를 자연수라고 불러. 왜냐하면 이 수들은 우리가 존재하는 것과는 무관하게 우리의 사고를 통해 자연 상태에서 존재한다고 생각하기 때문이야.

그렇다면 0은 자연수일까? 답은 '아니요'야. 0은 자연수가 다 나온 후에 탄생했어.

0이라는 개념이 탄생했다고 생각해보면, 수 역시 동물이나 식물처럼 자란다고 생각할 수도 있을 것 같아.

동물이나 식물 같은 생명체는 영양분을 먹음으로써 자라나지? 우리 마음속에 있는 개념들의 영양분은 우리의 호기심과 탐구심, 그리고 그 과정이라고도 말할 수 있을 것 같아. 자란다는 것을 학문적으로 표현하면 '구조가 확장된다'라고 할 수 있어. 인간이나 동물이 환경에 적응하는 방향으로 변화하듯이, 수의 개념도 상황에 맞추어 부족한 부분을 채우면서 발전해가는 거지.

이제 수라는 개념이 어떻게 성장하는지 살펴볼까?

정수
- 자연수가 성장해 든든한 수로!

0과 자연수에서 덧셈과 뺄셈을 생각해보자. 덧셈, 뺄셈은 정말 편리하고도 유용하지.

자연수에서 덧셈을 하는 데에는 아무 문제가 없어.

$$2+3=5,\ 6+0=6,\ 9+9=18,\ \cdots$$

문제는 자연수의 뺄셈에서 발생했어.

'9-6'과 같이 큰 수에서 작은 수를 뺄 때는 0과 자연수만으로도 문제가 없지만, '2-5'와 같이 작은 수에서 큰 수를 뺄 때 문제가 돼. 없는 것에서 있는 것을 어떻게 빼지?

자연수들이 살고 있는 + - 왕국.

2, 5도 있고,

그 둘을 더한 2+5도 있지만,

슬프게도 그 둘을 뺀 2-5는 추방당했어.

15세기까지도 이런 문제를 적극적으로 해결하지 않고 무시하고 지냈어.

그렇지만 수의 개념이 계속 성장했기에 끝까지 모른 체 할 수가 없었고, 결국에는 어떻게든 문제를 해결해야 했지. 자신의 세계 안에서 답이 안 보일 때, 자신을 확장해보면 의외로 문제가 쉽게 해결되기도 해. 즉 수 자체를 음수로 확장하고, 그에 따라 개념도 확장한 거야.

음수라는 개념을 도입하는 여러 방법이 있는데, 그중 다음과 같은 도입 과정을 설명해볼게.

우선 어떤 자연수가 있어. 다음처럼 나타내보자.

어떤 자연수+□=0

이때 □는 그 자연수에 -라는 기호를 붙여서 '-어떤 자연수'라고 쓰기로 했지.

□=-어떤 자연수

예를 들어 5+□=0이면, 이것을 만족하는 □는 자연수 5에다 -라는 기호를 붙이기로 한 거야. 즉, -5가 되지.

이렇게 자연수, 0, 그리고 자연수에 -라는 부호를 붙인 수로 수의 범위가 확장됐는데 이들을 하나로 묶어 정수라고 해. 이때 -를 음의 부호라고 하고, -5를 음의 정수라고 하지. 그렇다면 5를 양의 부호 +를 붙여 +5로 나타내고, 양의 정수라고 부를 수도 있겠지?

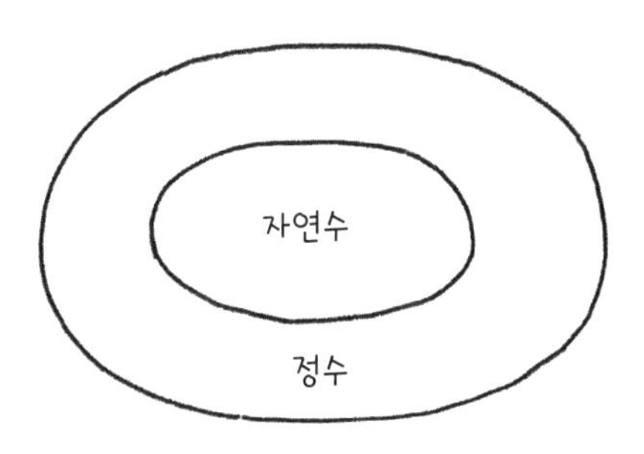

5+□=0을 만족시키는 □는 -5이니, 5+(-5)=0이 되는데, 5에서 5를 빼도 5-5=0이잖아.

$$5+(-5)=5-5$$

즉 5에서 음수 -5를 더하는 것은 5에서 5를 뺀 것과 같은 거지. 이렇게 음수를 도입한 다음에 정수 안에서도 다음과 같이 나타낼 수 있어.

어떤 정수+□=0

이때 □는 그 정수에 -라는 기호를 붙여서 '-어떤 정수'라고 쓰기로 했지.

-5+□=0을 만족시키는 □는 -5에다 -라는 기호를 붙이니 (-(-5))가 되지. 즉 -5+(-(-5))=0이지. 한편으로는 -5+5=0이니, 이것을 수식으로 표현하면 다음처럼 돼.

$$-5+(-(-5))=0=-5+5,$$
$$\text{즉 } -(-5)=5$$

마찬가지로 임의의 정수 a에 대하여 -(-a)=a가 되지.

이렇게 하는 것을 '형식적인 규칙에 맞추어 계산한다'라고 말해. 형식적인 것이니 실체가 없는 것 같아 공허하게 느껴질 수도 있지만, 형식적인 규칙에 따라서 하면 되니 오히려 다른 생각을 하지 않고 집중할 수 있어 편리하기도 할뿐더러 형식적인 규칙을 더 잘 파악할 수도 있게 돼. 그 형식에만 집중하면 개념을 더욱 깊게 파악할 수 있거든.

이것이 개념이 성장하는 하나의 원리이기도 해. 또 알고 보면 순수 수학을 발전시키는 원인이기도 하지. 수학은 응용이 되는 실용적인 면과 형식적인 추상 규칙을 생각하는 순수한 면을 동시에 갖고 있어. 이것을 응용 수학적인 면과 순수 수학적인 면이라고도 하지.

정수들이 살고 있는 + - 왕국.

2, 5도 있고, 2+5도 있고, 2-5도 있지.

모두가 슬픔 없이 + -하며 행복하게 살고 있어.

0을 중심으로 음의 정수 -1, -2, -3, …과 양의 정수를 대칭적으로 다음과 같이 배열할 수 있어.

$$\cdots, -4, -3, -2, -1, 0, 1, 2, 3, 4, \cdots$$

양의 정수, 0, 음의 정수를 통틀어 정수라고 한다고 했지? 자연수라는 개념만 가지고는 뺄셈을 할 때 난관에 부딪히니까 그 개념을 확장하여 정수라는 개념으로 발전시킨 거지. 정수의 등장으로 덧셈과 뺄셈을 하는 데 아무런 문제가 없게 됐어.

수의 개념 확장 과정을 살피다 보면 생명체의 진화 과정이 떠오르기도 해. 위협을 느낀 생명체가 생존을 위해 스스로 진화하듯이, 수의 개념 체계에 어떤 문제점이 발생하면 개념을 확장해 새로운 수를 구성함으로써 문제를 해결하는 모습을 보이거든. 자연수에서 나아가 0을 도입했고, 또 나아가 정수로 확장한 것처럼 말이야.

유리수
- 사칙연산? 내가 다 해결해줄게!

정수라는 개념을 활용해 곱셈도 해보고 나눗셈도 해봤어. 그랬더니 곱셈을 할 때는 전혀 부족함이 없었어.

$$5\times6=30,\ 15\times7=105,\ \cdots$$

정말 그렇지? 하지만 2÷3과 같이, 나누어떨어지지 않을 때 문제가 생긴다는 것을 발견했어. 이를 어쩌지? 수는 포기하지 않고 해결 방법을 계속 생각했어.

그리고 드디어 방법을 찾았어! 분수라는 개념을 생각해 낸 거야! 즉, 2÷3을 $\frac{2}{3}$의 꼴로 나타내는 거지.

정수들이 살고 있는 + - × ÷ 왕국.

2, **3**도 있고,

그 둘을 곱한 **2**×**3**도 있지만

슬프게도 그 둘을 나눈 **2**÷**3**은 추방당했어.

분자와 분모가 자연수인 분수에 $+\frac{2}{3}$, $+\frac{3}{4}$, $+\frac{7}{5}$ 등과 같이 양의 부호 +를 붙인 수를 양의 유리수라고 해. 이 경우에는 보통 양의 부호를 생략하고 $\frac{2}{3}$, $\frac{3}{4}$, $\frac{7}{5}$과 같이 쓰지.

그리고 $-\frac{2}{3}$, $-\frac{3}{4}$, $-\frac{7}{5}$ 등과 같이 음의 부호 -를 붙인 수를 음의 유리수라고 해.

양의 유리수, 0, 음의 유리수를 통틀어 유리수라고 해. 그렇다면 정수도 유리수라고 이야기할 수 있을까? 물론이지. 자연수도 당연히 유리수의 범주에 들어가고 말이야.

유리수는 a, b가 정수이고, $b \neq 0$일 때, 분수 $\frac{a}{b}$ 꼴로 나타낼 수 있는 수야. 정수는 나눗셈을 하면서 생긴 문제를 자신을 유리수로 확장하면서 해결한 거지.

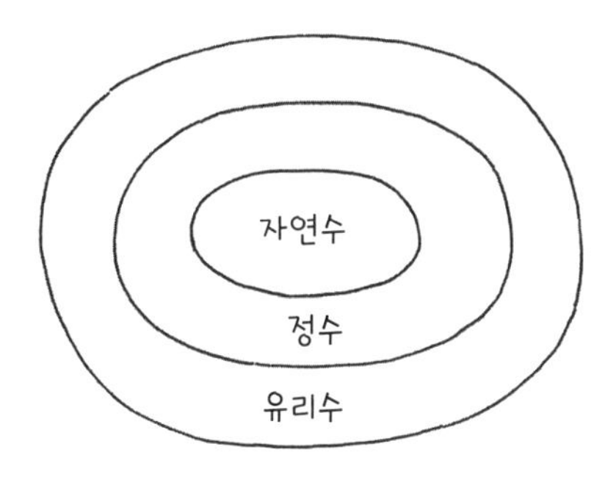

유리수를 영어로 'rational number'라고 하는데, rational은 '이치에 맞는, 합리적인'이라는 뜻이야. 한자로는 '有理數'라고 쓰는데, '이치에 합당한 수'라는 뜻이지. 당시 사람들은 분수로 표시된 수가 이치에 합당하다고 생각했어.

그렇다면 이치에 합당하지 않은 수라고 생각해서 붙인 이름도 당연히 있겠지? 바로, 그 반대인 무리수야. 영어로는 'irrational number'라고 하고, 한자로는 '無理數'라고 쓰지.

비합리적인 무리수의 발견은 수학의 역사에 획기적인 발전을 가져왔어. 비합리적이라고 여겼던 생각들도 가끔은 우리가 발전하는 데 도움이 되기도 하잖아. 이 수에 대해서는 조금 이따가 이야기하자.

유리수에서는 덧셈, 뺄셈, 곱셈이 다음과 같이 계산돼.

$$\frac{a}{b}+\frac{c}{d}=\frac{ad+bc}{bd},\ \frac{a}{b}-\frac{c}{d}=\frac{ad-bc}{bd},\ \frac{a}{b}\times\frac{c}{d}=\frac{ac}{bd}$$

그리고 나눗셈은 다음과 같이 할 수 있지.

$$\frac{a}{b}\div\frac{c}{d}=\frac{a}{b}\times\frac{d}{c}=\frac{ad}{bc}$$

수가 유리수로 확장하면서 정수에서 난관에 부딪혔던 나눗셈의 문제가 해결됐어. 이제 사칙연산, 즉 덧셈·뺄셈·곱셈·나눗셈을 하는 데 아무런 문제가 없게 된 거지.

유리수들이 살고 있는 + - × ÷ 왕국.

2, 3도 있고, 2×3도 있고, 2÷3도 살지.

모두가 자유롭게 + - × ÷ 하며 행복하게 살고 있대.

1보다 작은 수는 어떻게 표현할까?

두 개의 분수가 있을 때, 어떤 것이 더 큰지 금방 분간이 안 될 때가 있지? 예를 들어 $\frac{39}{200}$와 $\frac{49}{250}$를 보면 둘 다 1보다 작다는 건 알 수 있는데, 어느 것이 더 큰지 계산 없이 눈으로만 확인하기는 어렵잖아.

그래서 1보다 작은 분수도 십진법의 아이디어를 이용하여 표현할 방법이 필요하다는 것을 느끼게 됐어. 새로운 아이디어는 불편함을 해결하는 과정에서 떠오르기 마련이지.

십진법에서 1보다 큰 수의 자릿수는 10배, 100배, 1000배와 같은 식으로 자릿값이 정해지잖아? 그렇다면 1보다 작은 수의 자릿값은 어떻게 정하면 좋을까? '1보다

작은 분수는 $\frac{1}{10}$씩 작아지도록 자릿값을 정하면 어떨까?'
하는 생각이 떠올라 생각해낸 것이 바로 이거야.

•

마침표

마침표를 이용해 자연수 1의 자리 옆에 마침표를 찍고, 그 오른쪽에 1보다 작은 자릿값을 정했어. 즉, $\frac{1}{10}$, $\frac{1}{100}$, $\frac{1}{1000}$ …을 차례로 쓰기로 했어. 오른쪽으로 갈수록 10배씩 줄어드는 거지.

예를 들어 23.14에서 자연수 3 뒤에 마침표(.)가 있지? 그 오른쪽에 있는 1은 $\frac{1}{10}$의 자릿값을 의미하고, 또 그 오른쪽에 있는 4는 $\frac{1}{100}$의 자릿값에 옴으로써 $4\times\frac{1}{100}$을 의미하게 되는 거지.

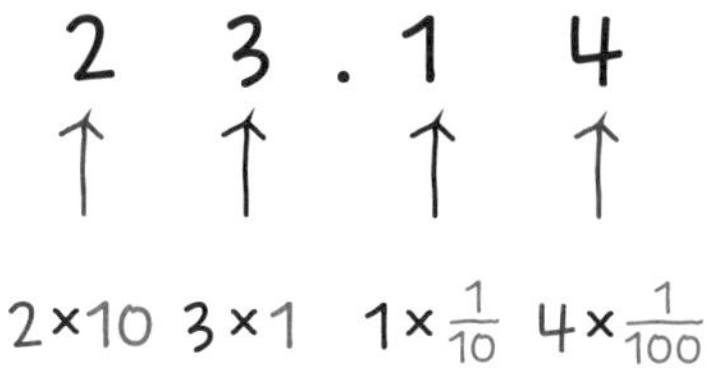

2 3 . 1 4

↑ ↑ ↑ ↑

2×10 3×1 $1\times\frac{1}{10}$ $4\times\frac{1}{100}$

그러면 $\frac{2}{5}$는 자릿수를 정하기 위해 분모를 10으로 하여 $\frac{4}{10}=4\times\frac{1}{10}=0.4$처럼 나타낼 수 있지. 분모를 10으로 하는 이유는 우리가 십진수를 사용하기 때문이야.

그리고 $\frac{9}{25}$는 우리가 잘 아는 나눗셈으로 다음과 같이 계산할 수 있어.

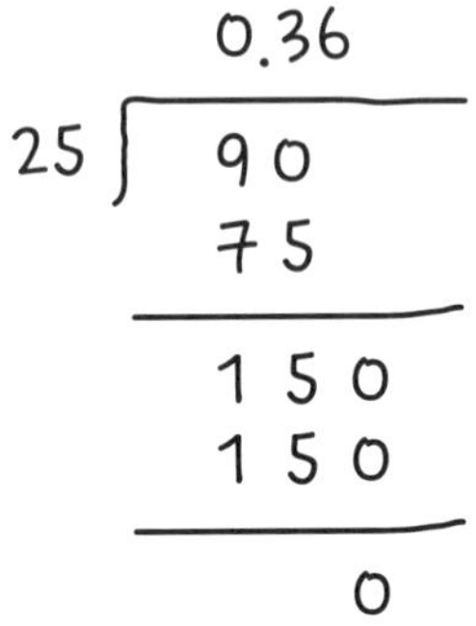

$$\begin{array}{r|l} & 0.36 \\ \hline 25 & 90 \\ & 75 \\ \hline & 150 \\ & 150 \\ \hline & 0 \end{array}$$

즉, $\frac{1}{10}$의 자리의 수가 3이고, $\frac{1}{100}$의 자리의 수가 6임을 알 수 있지.

그런데 나눗셈을 하는 방법을 모른다면 다음 그림의 왼쪽에 있는 방법처럼 계산할 수 있어. 우선 $\frac{1}{10}$의 자리의 수 3을 구한 다음, 나머지 $\frac{1}{10}\times\frac{15}{25}$에서 분자와 분모에 다시 10을 곱해 $\frac{1}{100}$의 자리의 수 6을 구해야 하지.

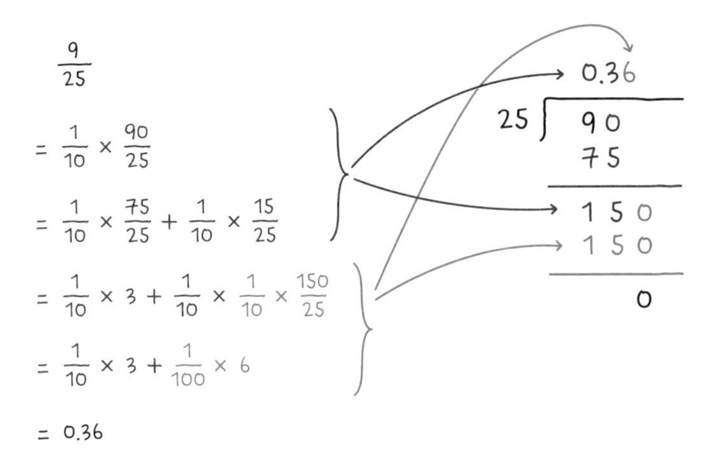

상당히 복잡하고 시간도 많이 걸리지? 그러니 우리가 나눗셈으로 이렇게 쉽게 소수를 구할 수 있음을 고마워해야 해.

나눗셈을 통해 $\frac{39}{200}=0.195$, $\frac{49}{250}=0.196$을 구할 수 있는데 이렇게 소수로 나타내면 자릿수가 표현되어서 어느 것이 큰지 금방 알 수 있잖아.

수와 직선이 만나면 무슨 일이 생길까?

♥ 모양을 보면 뭐가 떠올라? 또 ♨ 모양을 보면?

수도 생각을 했지. '나도 나를 표현할 수 있는 뭔가가 있을 거야!'라고.

그러다가 문득 떠올렸어. 그게 바로 이거야.

수직선!

직선은 점으로 이루어진 도형으로, 그 모양은 별똥별이 날아가는 흔적처럼 그저 끝없이 뻗어가는 선이잖아. 그렇다면 수직선이란 무엇일까? 수직선은, 말 그대로 직선에 수를 표현한 거야. 직선과 수와의 만남이 이루어진 거지. 즉 직선인데 그 선에 있는 점들이 수라는 거야. 이제 수직선이 수의 연산을 어떻게 형상화했는지 살펴볼까?

사과 두 개가 있고 또 사과 세 개가 있으니, 다섯 개의 사과가 있다.

$$2+3=5$$

호수에 원앙 세 쌍이 있으니, 원앙은 여섯 마리가 있다.

$$2\times3=6$$

이처럼 수에는 더하기, 빼기, 곱하기, 나누기의 연산 구조라는 개념이 있어.

수들은 원래 우리의 마음속에 있는 개념이라 “2와 5는 얼마나 떨어져 있나?”라고 물을 수가 없었지.

얼마나 떨어져 있는지를 알려면 2와 5의 위치를 정해야 하고, 기준이 되는 1이라는 단위 길이가 필요하지. 수는 위치를 정하기 위해 직선을 사용하기로 했어.

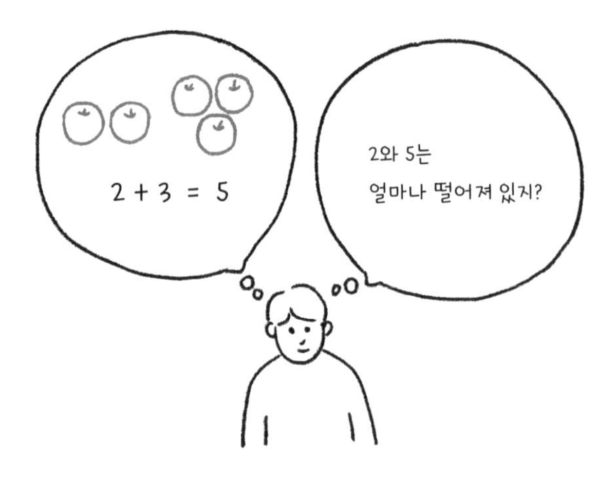

수를 직선의 어디에 위치시킬까? 우선 직선상에 임의의 한 점을 정해 0이라고 표시하고, 그 선택된 점을 원점이라고 하기로 했어. 그리고 원점 오른쪽의 한 점을 정해 그 점을 1이라고 표시해. 그런 다음 0에서 1까지의 거리를 1이라고 정하면 1이라는 단위 길이가 결정되는 거야. 그러니 단위 길이라고 하는 것은 네가 오른쪽의 1이라는 점을 어디에 정하느냐가 기준이 되는 거지.

신기하지. 네가 스스로 단위 길이를 결정하다니.

그런데 각도는 상황이 전혀 달라. 1°라는 각의 크기는 각각의 사람이 정하는 것이 아니라, 직각의 $\frac{1}{90}$로 정해져

있거든. 그래서 모든 사람이 쓰는 크기가 같아. 단위 길이 1은 각각 자기 마음대로 정할 수 있지만, 1cm, 1m, …는 모든 사람이 같은 길이를 쓰도록 빛이 움직인 거리를 이용해서 정해둔 거야. 이것을 길이의 표준 단위라고 해. 표준 단위는 모든 사람이 같은 크기를 쓰기로 약속한 단위인 거지.

다시 본론으로 돌아가서, 단위 길이 1을 정했다면 이제 점 1의 오른쪽에 단위 길이만큼씩 점을 찍어서 그 점을 각각 2, 3, 4, …로 표시해. 마찬가지로 0에서 왼쪽에도 단위 길이만큼씩 차례대로 점을 찍어서 그 점을 각각 -1, -2, -3, …으로 표시해. 그러면 점 0을 중심으로 1, 2, 3, …과 -1, -2, -3, …이 대칭적인 위치에 놓이게 되어 수직선을 그려나갈 수 있지.

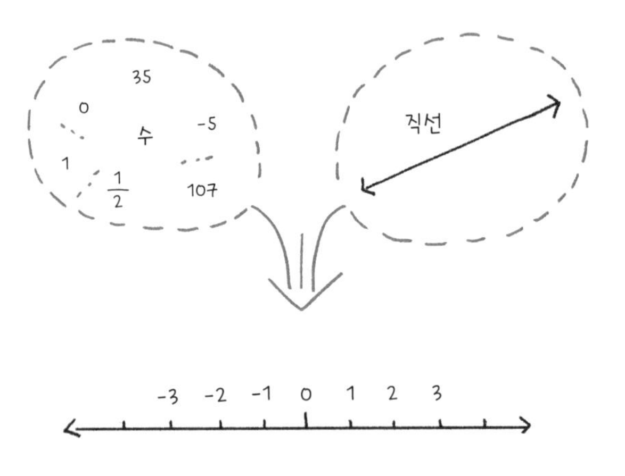

드디어 연산이 가능한 수직선, 수와 직선이 만나게 된 거야. 매우 이질적인 두 개념의 만남, 수와 기하의 융합이지. 수학에서는 이처럼 서로 다른 두 분야(즉, 수와 기하 같은)

의 만남을 매우 가치 있게 생각해. 완전히 다른 이질적인 분야가 만남으로써 수학적으로 풍요로운 구조를 갖게 됐거든. 수를 나타내는 데 수직선보다 더 좋은 방법은 없을 듯해.

이제 0과 1 사이의 중간을 정해 $\frac{1}{2}$이라고 써봐. 그러면 0과 $\frac{1}{2}$ 사이의 길이인 $\frac{1}{2}$이 정해지지. 그리고 0에서 오른쪽으로 $\frac{1}{2}$만큼씩 차례대로 점을 찍어서 $\frac{1}{2}, \frac{3}{2}, \frac{5}{2}, \cdots$의 점들을 추가하자. 마찬가지로 0에서 왼쪽으로도 $\frac{1}{2}$만큼씩 차례대로 점을 찍어서 $-\frac{1}{2}, -\frac{3}{2}, -\frac{5}{2}, \cdots$의 점들을 추가해.

그런 다음엔 0에서 오른쪽으로 $\frac{1}{3}$만큼씩 차례대로 점을 찍어서 $\frac{1}{3}, \frac{2}{3}, \frac{4}{3}, \cdots$를 추가하고, 0의 왼쪽으로도 같은 방법으로 $-\frac{1}{3}, -\frac{2}{3}, -\frac{4}{3}, \cdots$를 추가해. 이런 방식으로 단위 길이의 $\frac{1}{4}, \frac{1}{5}, \frac{1}{6}, \cdots$을 이용해 직선 위에 유리수의 모든 점을 표시할 수 있어.

이렇게 직선 위의 각 점이 수를 나타낸 것을 수직선이라고 하지.

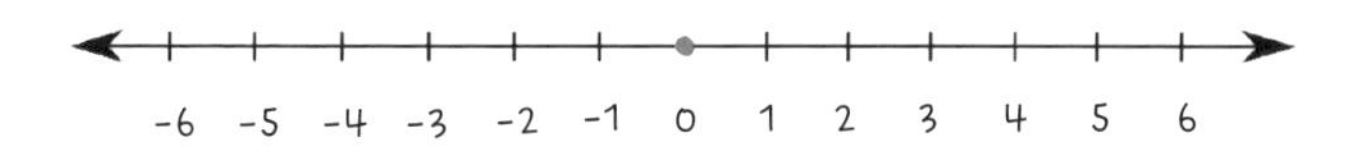

덧셈과 뺄셈이 움직인다고?

수들의 위치를 직선 위에 정하고 나니, 수의 덧셈과 뺄셈을 점들이 움직이는 것으로 표현할 수 있게 됐어. 예를 들어 2에서 3을 더해 5가 되는 것은 점 2가 3의 길이만큼 오른쪽으로 움직인 것으로 표현할 수 있고, 2에서 3을 뺀 것은 점 2가 3의 길이만큼 왼쪽으로 움직인 것으로 표현할 수 있는 거지.

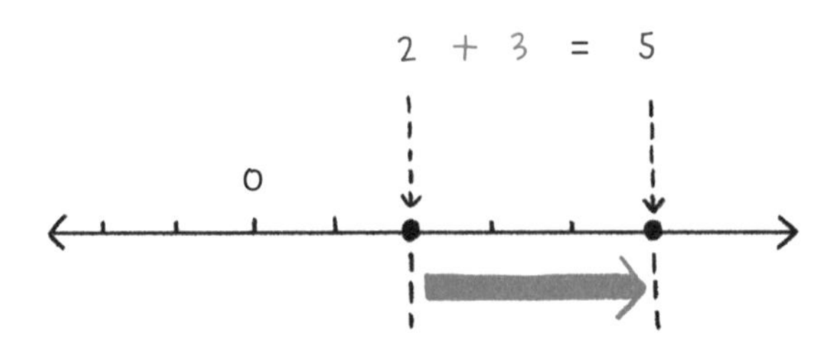

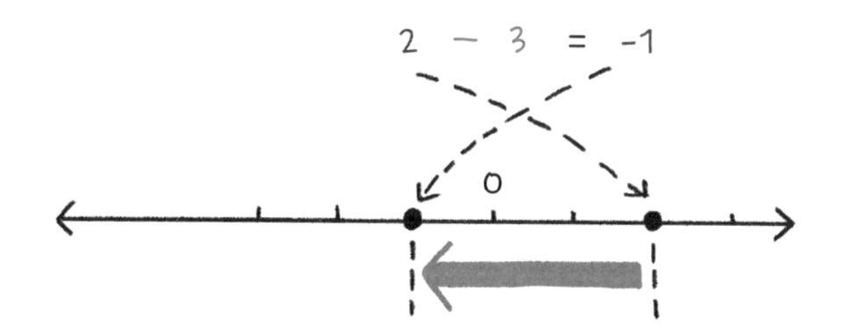

이런 방법이 대단한 이유는 수의 덧셈과 뺄셈 같은 추상적인 생각들을 점들이 움직이는 운동으로 표현할 수 있다는 거야. 이런 생각은 이후에 더 발전하여, 힘을 화살표로 표시해 두 힘을 수처럼 더하기도 하고 빼기도 하게 돼. 놀랍게도 힘을 수로 표현한 거지.

이에 대해서는 나중에 벡터라는 개념으로 배우게 될 거야. 이런 아이디어들이 발전해서 마침내는 우주의 운동 같은 복잡한 것들도 수를 이용해서 표현하게 돼.

아! 누구일까? 수를 맨 처음 화살표로 표시한 그 사람은.

아! 누구인가?
이렇게 슬프고도 애달픈 마음을
맨 처음 공중에 달 줄을 안 그는.
_<깃발>, 유치환

무리수
- 너 언제부터 거기에 있었어?

어떤 유리수 점 a와 그 오른쪽의 점 b를 수직선에 나타내면, 그 사이에 또 다른 유리수 점 $\frac{a+b}{2}$가 있게 돼. 그리고 이렇게 중간의 점을 취하는 과정은 a와 $\frac{a+b}{2}$ 사이에서도 할 수 있고, 이런 과정을 반복함으로써 a와 b 사이에 무수히 많은 유리수 점을 줄 수 있지.

이것을 '유리수 점이 조밀하게 놓여 있다'라고 말해. 기원전 500년경까지도 그리스를 포함한 모든 나라의 수학자는 유리수와 수직선의 점들 사이에는 일대일 대응 관계가 있다고 생각했어. 즉 수직선의 모든 점은 유리수의 점을 나타낸다고 생각했지.

그런데 한 변의 길이가 1인 정사각형의 대각선 길이를 계산할 때 받아들이기 어려운 상황에 직면했고, 그 상황에서 뜻밖의 놀라운 사실을 알게 됐어. 수직선 위에 유리수의 점이 아닌 다른 것이 존재한다는 사실이야. 바로 무리수를 발견하게 된 거지! 우리 삶에서도 어려움을 만났을 때 도망가지 않고 어떻게든 해결하기 위해 애쓰고 노력하다 보면, 우리가 어느새 한 단계 성장한 것을 느낄 수 있잖아? 수학에서도 그런 일이 발생한 거야.

한 변의 길이가 1인 정사각형의 대각선 길이를 a라고 하자. 그와 똑같은 정사각형 네 개를 다음 그림의 오른쪽처럼 모으면, 한 변의 길이가 2인 정사각형 안에 한 변의 길이가 a인 정사각형이 놓이게 되지.

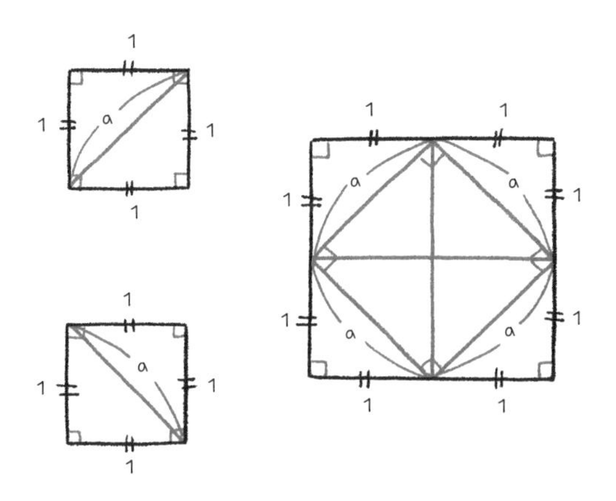

그러면 안에 있는 정사각형의 넓이는 $a \times a$이고, 한 변의 길이가 2인 정사각형의 넓이인 4의 반이지. 즉, 이렇게 돼.

$$a \times a = 2$$

이제 길이 a가 분수로 표시될 수 있는지 알아보려고 해. 이것을 알아보기 위해서 먼저 자연수의 소수에 대해 이야기해볼게.

무리수에 도전장을 내민 세기의 수학자들!

유리수有理數와 무리수無理數! 이 한자를 살펴보면 유有는 있다는 뜻이고, 무無는 없다는 뜻임을 알 수 있어. 있고, 없음. 무엇이 있고 무엇이 없다는 걸까? 유리수와 무리수라는 글자의 가운데에 있는 '리理'가 있거나 없다는 것을 말하겠지?

그렇다면 '리'란 무엇일까? 한자 '리理'는 '다스리다'라는 뜻도 있지만 '이치'라는 뜻도 있어. 수에 '이치'의 있고 없음이 유리수, 무리수라는 이름을 만들어낸 거지.

'리'에 해당하는 영어 단어 'rational'은 라틴어 'ratio'에서 유래했는데, 라틴어로 이 단어가 지닌 의미 중에는 다음과 같은 것이 있어.

계산, 수를 헤아림

비례, 비율

합리, 이성

수량, 액수

기록, 장부

이해, 지식, 아는바

이런 의미로 미루어 볼 때 그리스인들은 유리수를 비율, 즉 분수의 형태로 표현하여 계산할 수 있고 그 결과를 수량으로 나타냄으로써 기록할 수 있는, 이해가 가능한 합리적인 수라고 생각했던 것 같아. 이에 반해 무리수는 그럴 수 없는 수라고 생각했지.

처음 무리수라는 개념을 만났을 때, 그들은 어떤 생각을 했을까? 이치에 맞지 않는 수, 이해가 안 되는 비합리적인 수이니 무시해야 한다고 생각했을까? 그렇지 않아. 그들은 설명이 안 되는 그 수, 즉 무리수에 대해 고민하고 연구하며 수의 체계를 알아내고자 용감하게 도전장을 내밀었지.

그렇게 했다고 해서 문제가 짧은 시간에 쉽게 해결된 건 아니야. 그 노력이 열매를 맺기까지는 100여 년이라는 시간이 필요했어.

기원전 500년경 처음 피타고라스가 무리수 문제에 봉착한 이후, 좀 더 정확하게 말하자면 유리수와 무리수 사이 또는 무리수 사이의 비율에 대한 문제에 봉착한 100여 년 후에 에우독소스Eudoxos라는 위대한 수학자가 문제를 해결했지. 무리수를 완벽하게 규정하는 에우독소스의 놀라운 해결 방법을 여기서 설명할 수는 없지만, 그의 아이디어를 2000여 년이 지나 데데킨트Dedekind가 수학적으로 완벽하게 완성했어.

새로운 무리수의 발견은 피타고라스학파를 비롯한 많은 수학자에게 골치 아픈 문제를 던져줬지만, 그 문제 덕에 새로운 무리수의 체계를 거쳐서 수학이 한 단계 발전하게 된 거지.

원래 수학은 문제에서 출발하는 학문이야. 문제를 해결하려고 탐구하는 과정에서 수학은 미지의 세계로 나아갔고, 결국은 결정적인 진보를 이루어왔어.

유리수와 무리수 사이 또는 무리수 사이의 비율에 대한

문제를 두 수 사이에 같은 표준으로 잴 수 있는 기준이 없다는 뜻의 수학적 용어로 'incommensurable 문제'라고 해. 이후 이 용어는 수학 이외의 분야로도 확장되어 철학에서 경쟁하는 두 이론 사이에 공약 불가능성을 나타내는 중요한 의미로 쓰이게 됐어.

만약 그리스 시대에 당시 수학 체계에 문제를 초래하는 비합리적인 수이기 때문에 무리수를 배제해야 한다고 생각하고 그 수에 대해 고민하지 않았다면 어땠을까? 오늘날에도 수는 여전히 불완전한 모습을 띠고 있을 것이고, 수학의 성장도 멈추고 말았을 거야.

우리 삶에서도 마찬가지야. 문제에 봉착했을 때 좌절하지 않고 오히려 '이것이 기회다!'라고 생각하고 문제를 해결한다면, 그 과정을 통해 더 성숙해지고 성장할 수 있어. 즉, 성장은 문제에 봉착함으로써 시작되는 거야. 문제를 만난다는 것이 귀찮고 어렵고 힘들고 두려운 일이라는 건 이해해. 하지만 더 큰 세계로 나가기 위한 것이라 믿고, 만나는 문제들을 새로운 기회로 여기는 긍정적인 자세를 갖자.

이야기 되돌아보기 1

자릿값

■ 초등 수학 4-1

0을 사용하고 수가 놓인 자리에 따라 그 값이 달라지는 원리.

십진법

0, 1, 2, 3, 4, 5, 6, 7, 8, 9의 10개 숫자를 사용해 수를 나타내는 방법.
1보다 큰 수의 자릿수는 10배, 100배, 1,000배와 같은 식으로 자리가 하나씩 올라감에 따라 자릿값은 10배씩 커진다.

0의 발견

'없다'라는 것을 수학적으로 표현할 필요성을 느껴 기호 '0'으로 표시하게 되었다. 다른 숫자들에 비해 늦게 발견되었다.

자연수·정수·유리수

■ 초등 수학 4-1

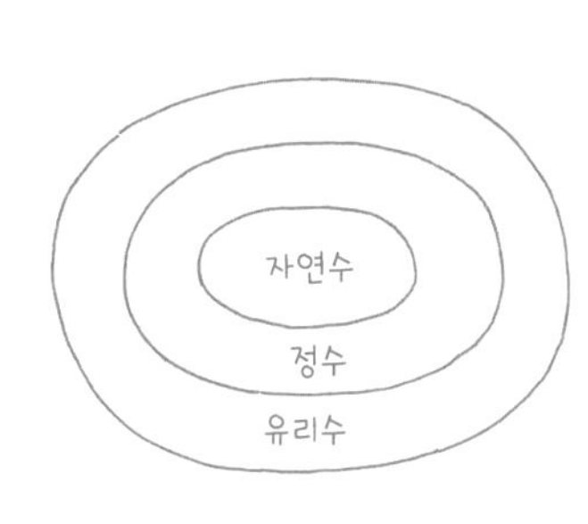

- 자연수
  1, 2, 3, 4, … 와 같이 셀 수 있는 수를 말한다.

- 정수
  자연수에 양의 부호 +를 붙인 수를 '양의 정수'라 하며, 자연수에 음의 부호 -를 붙인 수를 '음의 정수'라 한다. 양의 정수, 0, 음의 정수를 하나로 묶어 정수라 한다.

- 유리수
  분자와 분모가 자연수인 분수에 양의 부호 +를 붙인 수를 '양의 유리수'라 하며, 분자와 분모가 자연수인 분수에 음의 부호 -를 붙인 수를 '음의 유리수'라 한다. 양의 유리수, 0, 음의 유리수를 통틀어 유리수라 한다.

무리수
■ 중등 수학 2-1

분자, 분모가 정수인 분수로 나타낼 수 없는 수를 무리수라 한다.

수직선
■ 중등 수학 1-1

수와 직선이 만나 생긴 것으로 직선 위의 각 점이 수를 나타낸 것을 '수직선'이라 한다. 기준이 되는 점을 0으로 표시하고, 오른쪽에는 양수, 왼쪽에는 음수를 나타낸다.

2강

'수'는 어떻게 완벽하게 됐을까?

유한소수 · 무한소수 · 순환소수 · 실수

1은 왜 소수의 나라에 들어갈 수 없었을까?

1보다 큰 자연수 중에서 1과 자기 자신만을 약수로 가지는 수를 소수라고 해.

그런데 이 표현이 좀 어색하지. 왜 굳이 '1보다 큰'이라는 표현이 들어갔을까? 제약 조건 없이 '1과 자기 자신만을 약수로 가지는 수를 소수라고 한다'라고 하면 어떨까? 그러면 1도 소수가 되겠지. 그러면 어떤 문제가 있을까?

어떤 자연수의 약수 중에서 소수인 것을 그 자연수의 소인수라고 하고, 그 수를 소인수들만의 곱으로 나타내는 것을 소인수분해 한다고 해. 만약 1을 소수라고 할 때 6을 소인수분해 한다고 하면, 다음과 같이 여러 가지 방법으로 나

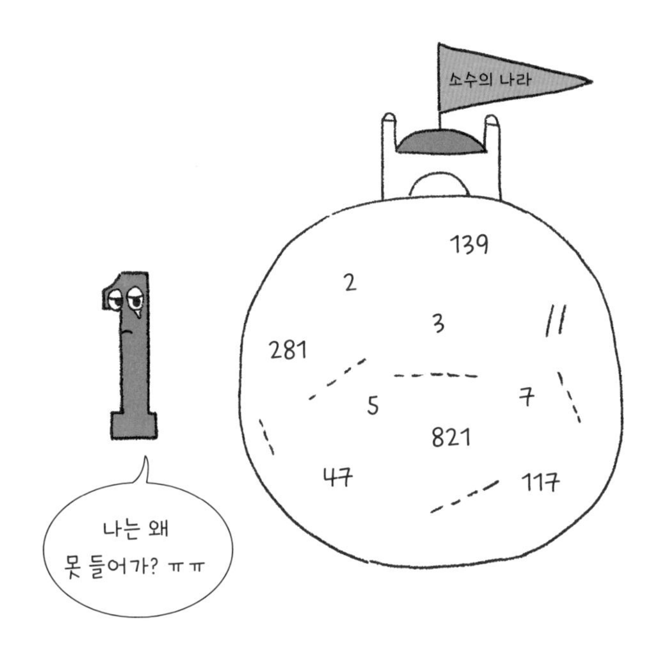

타낼 수 있어.

$$
\begin{aligned}
6 &= 2\times3 \\
&= 1\times2\times3 \\
&= 1\times1\times2\times3 \\
&= 1\times1\times1\times2\times3 \\
&\ \ \vdots
\end{aligned}
$$

1이 무한정 반복되지? 무한정 반복된다는 것은 소인수 분해의 유일성을 해치는 거야. 다시 말해 자연수를 소인수 분해 할 때 그 방법이 유일하지 않게 되는 거지.

그런데 소인수분해의 유일성은 그 성질을 가진 수를 풍요롭게 하는 매우 중요한 수학적 성질이야. 수학에서 가지는 그 중요성 때문에 소수에 대해 정의를 내릴 때, 표현상 부자연스럽지만, '1보다 큰 자연수 중에서 1과 자기 자신만을 약수로 가지는 수'라고 한 거야. 1을 소수에서 제외하면 자연수를 소인수분해 할 때 그 방법이 유일해지지.

이 조건에서 6을 소인수분해 하면 어떤 결과가 나올까?

$$6 = 2\times3$$

이처럼 수학도 선택을 해. 고차원적인 수학을 공부하다 보면 수학에서도 뭔가를 선택해야 하는 상황들이 있다는 것을 발견하게 돼. 역사적으로 수학사에서 선택된 사항들은 합리적이고 뒤돌아봐도 후회가 남지 않는 것들이었어. 우리도 매 순간 뭔가를 선택하면서 살잖아. 단순하게는 공부를 할 것인지 놀 것인지, 무엇을 먹을 것인지…. 어찌 보면 내가 한 선택들이 모여 나를 만들어나가는 거겠지. 그러니 우리도 수학에서 해왔던 것처럼, 뒤돌아봐도 후회 없는 선택을 하기 위해 매 순간 깊이 생각해야겠지?

실수
- 내가 너희의 빈틈을 메꿔줄게!

이제 자연수의 소인수분해의 유일성을 사용해 $a \times a=2$인 a가 분수로 표시될 수 없는 수임을 보여줄게.

먼저 a가 분수의 형태로 나타낼 수 있다고 가정하자. 즉, $a=\frac{p}{q}$이고 p, q는 공약수가 1뿐인 기약분수라고 놓을 수 있지. 그럼 다음과 같이 돼.

$$2=a \times a= \frac{p \times p}{q \times q}$$

$$\text{즉, } p \times p=2 \times q \times q$$

왼쪽 변의 $p \times p$를 소인수분해 하면 모든 소인수가 짝수 번 나타나게 되어, 2가 나타난다면 짝수 번 나타나지. 반면에 오른쪽 변의 2×q×q를 소인수분해 할 때, q×q에 2가 나타난다면 짝수 번 나타나서 결국 2×q×q에서는 2가 홀수 번 나타나게 되지. 이것은 같은 수인 p^2과 $2q^2$에 대한 소인수분해의 유일성에 모순되고 말아. 따라서 a는 분수의 형태로 나타낼 수 없고, 그래서 유리수가 아니야. a와 같이 유리수가 아닌 수를 무리수라고 해.

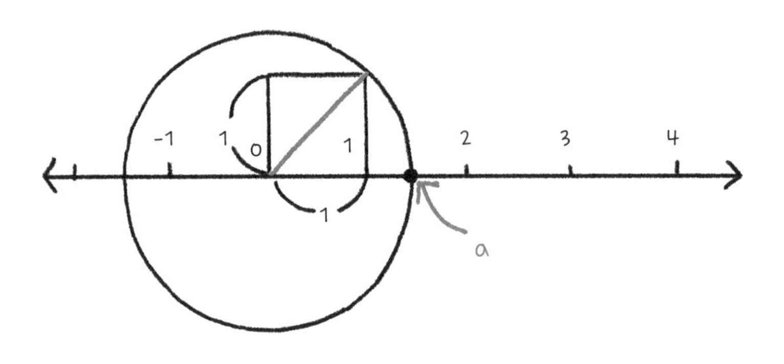

같은 방법으로 b×b=3이 되는 b도 무리수임을 증명할 수 있어. 즉 $b=\frac{p}{q}$라고 놓으면 다음과 같이 되지.

$$3=b\times b=\frac{p\times p}{q\times q}$$

$$\text{즉, } p\times p=3\times q\times q$$

왼쪽 변의 p×p를 소인수분해 하면, 모든 소인수가 짝수 번 나타나게 되어, 3이 나타난다면 짝수 번 나타나지. 반면에 오른쪽 변의 3×q×q를 소인수분해 하면 3이 홀수 번 나타나게 되고, 같은 수인 p^2과 $3q^2$에 대한 소인수분해의 유일성에 모순되어, b는 분수의 형태로 나타낼 수 없지.

같은 방법으로 c×c=5, d×d=6, …이 되는 c, d, … 등도 무리수임을 증명할 수 있어. c의 경우는 소수 5를, d의 경우는 소수 2나 3을 쓰면 돼(6=2×3). 일반적으로 a가 제곱수가 아니면, $x^2=a$ $(a\geq 0)$를 만족하는 x는 항상 무리수임을 보일 수 있어.

예를 들어 다음을 보자.

$$x^2=2,\ x^2=3,\ x^2=5,\ x^2=6,\ x^2=7,\ x^2=8,\ x^2=10,\ \cdots$$

여기서 x는 무리수야. 소인수분해의 성질로 이렇게 많은 것을 밝힐 수 있다니, 놀랍지.

$x^2=a(a\geq0)$를 만족하는 양수 x를 기호 $\sqrt{}$를 사용해 $\sqrt{a}$와 같이 나타내고, 양의 제곱근이라고 불러. 다시 말해 $x=\sqrt{a}$, 즉 $(\sqrt{a})^2=a$지. 그런데 $(-\sqrt{a})^2=a$니까, $x^2=a$가 되는 x는 $\sqrt{a}$와 $-\sqrt{a}$가 있지. 이때 $-\sqrt{a}$는 음의 제곱근이라고 하지. 따라서 다음도 무리수들이야.

$$-\sqrt{2},\ -\sqrt{3},\ -\sqrt{5},\ -\sqrt{6},\ \cdots,\quad \sqrt{2},\ \sqrt{3},\ \sqrt{5},\ \sqrt{6},\ \cdots$$

이것 외에도 여러 종류의 무리수가 존재하는데, 모든 유리수와 모든 무리수를 합친 것을 실수라고 해. 수들의 관계를 그림으로 나타내면 다음과 같아.

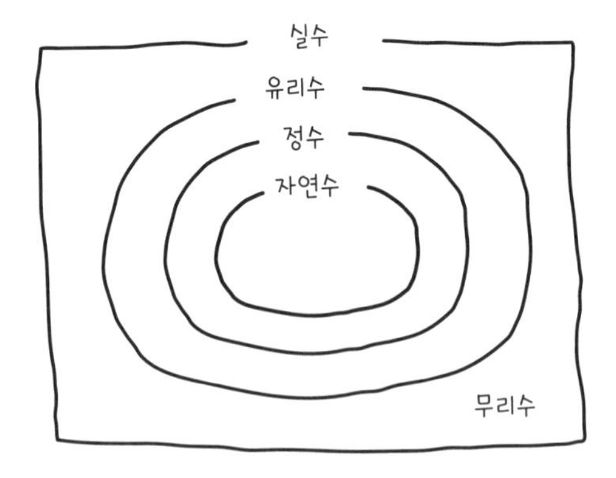

유리수의 점들만으로 수직선을 완벽히 메꿀 순 없어. 유리수의 점들만으로 배열한 선은 연속이 될 수 없지만, 실수로는 수직선을 빈틈없이 채울 수 있어서 실수의 점들로 배열한 선은 연속이 되지.

소수의 개수는 몇 개일까?

만약에 소수의 개수가 유한 개라면, 그 모든 소수를 다음과 같이 크기순으로 나열해 가장 작은 소수를 p_1, 즉 2이고 가장 큰 소수를 p_n이라 하자.

$$p_1, p_2, p_3 \cdots, p_n$$

그런데 $q=p_1 \times p_2 \times p_3 \times \cdots \times p_n+1$이라 하면 q는 p_1로도, p_2로도, $p_3, \cdots p_n$으로도 나누어지지 않으니, 즉 어떠한 소수로도 나누어지지 않으니 q도 소수지. 따라서 q가 $p_1, p_2, p_3 \cdots, p_n$이 될 수 없으니, $p_1, p_2, p_3 \cdots, p_n$이 모든 소수라는 것이 모순

이지. 그러니 소수의 개수가 유한 개일 수 없어.

단, 주의할 게 있어. 위의 논의는 소수 q_1, q_2, q_3 ⋯, q_n이 있을 때 $q=q_1 \times q_2 \times q_3 \times \cdots \times q_n+1$이 소수라는 것을 증명한 것이 아니야. 예를 들어 5, 7은 소수이지만 5×7+1인 36은 소수가 아니잖아. 5×7+1은 5와 7로는 나누어지지 않지만, 다른 소수 2와 3으로는 나누어질 수 있지.

위의 증명은 p_1, p_2, p_3 ⋯, p_n이 모든 소수라고 가정할 때, $q=p_1 \times p_2 \times p_3 \times \cdots \times p_n+1$도 소수일 수밖에 없다는 것을 입증한 거야.

셀 수 있다는 것은 무슨 의미일까?

무언가를 셀 수 있게 해주는 것은 무엇일까?

교실에 모여 있는 학생들, 한 뭉치의 돈, 높은 건물의 층… 이런 것들을 세려면 필요한 것이 무엇일까? 수겠지?

네가 알고 있는 수에는 어떤 것들이 있니? 자연수, 분수, 유리수, 실수…. 이 수들은 모두 셀 수 있는 것들일까?

센다는 것을 우리는 너무도 당연하게 생각하지만, 거기에는 많은 의미가 담겨 있어. 셀 수 있다는 것은 다음에 오는 수가 있다는 거야. 다음 수를 생각할 수 없다면 셀 수가 없는 거지. 영화를 보기 위해 사람들이 극장에 들어갈 때를 생각해보자.

하나, 둘, 셋…. 사람들이 극장에 들어오는 것을 세어보면 관객이 몇 명인지를 알 수 있지. 그리고 첫 번째, 두 번째, 세 번째, 네 번째, …와 같이 수를 센다면 순서도 알 수 있어. 셀 수가 있으므로 전체적인 개수도 알 수 있지만, 각각의 순서도 알 수 있는 거지. 순서가 있다는 것은, 어떤 수 다음에 오는 수가 있다는 것을 의미해.

1 다음 2, 2 다음 3, 3 다음 4, …

이런 1, 2, 3, 4, …와 같은 수를 우리는 뭐라고 부르지? 맞아, 바로 자연수야. 우리가 수를 셀 때 자연수를 이용하는 이유는 항상 다음 수가 있기 때문이지.

그렇다면 모든 수에서 다음에 오는 수를 알 수 있을까? 모든 수에서 순서를 알 수 있을까? 그렇지는 않아. 분수에서는 다음 수가 가능하지 않아.

$\frac{1}{3}$의 다음 수는 $\frac{1}{2}$? 아니면 $\frac{2}{3}$?

만약 "사과의 $\frac{1}{3}$을 먹었는데 다음 부분까지 먹어봐"라고 한다면 얼마나 더 먹어야 하는지 알 수 있을까? 분수에서는 $\frac{1}{3}$의 다음 수가 $\frac{1}{2}$인지 $\frac{2}{3}$인지 명확하지가 않아. 분수에서 다음 수를 생각하려면 모든 분수를 크기순으로 나열할 수 있어야 하는데, 그렇게 할 수가 없거든. 예를 들어 $\frac{1}{3}$의 다음 수를 $\frac{2}{3}$라고 하면, $\frac{1}{3}<\frac{1}{2}<\frac{2}{3}$가 되어 다음 수로는 $\frac{2}{3}$보다 $\frac{1}{2}$이 더 적합하잖아. 그러고 나면 다시 $\frac{1}{3}<\frac{5}{12}<\frac{1}{2}$이 되어 $\frac{1}{2}$보다는 $\frac{5}{12}$가 더 적합하고 말이야.

이런 식으로 $\frac{1}{3}$보다 조금이라도 큰 분수를 생각하면 그 사이에 또 다른 분수가 있게 돼. 일반적으로 $\frac{a}{b}<\frac{c}{d}$인 두 개의 분수가 있을 때, 두 분수의 평균이 되는 $(\frac{a}{b}+\frac{c}{d})\div2=\frac{ad+bc}{2bd}$는 $\frac{a}{b}<\frac{ad+bc}{2bd}<\frac{c}{d}$가 되지. 그래서 두 분수 사이에는 꼭 다른 분수가 있어. 그래서 분수에서는 다음 분수가 없는 거야.

분수로 순서를 정하는 것은 어렵겠지? 그 말은 분수에서는 다음 수를 정할 수 없다는 이야기이고 말이야. 다음의 수가 있다는 것은 자연수가 가진 소중하고 특별한 성질이야.

일대일 대응
- 무한의 세계에 질서를 만들다!

두 집단의 많고 적음을 비교할 때, 어떤 방법이 있을까?

물론 세어서 비교하는 방법이 있겠지? 그런데 수를 셀 수 없다면?

아직 수를 세지 못하는 어린아이가 네 명의 형과 같이 있다고 해보자. 모두 다섯 명이 있는 거지. 그런데 빵이 딱 네 개만 나오고 한 사람이 하나씩 먹을 수 있다고 이야기해주면, 수를 세지 못하는 아이라 할지라도 누군가는 빵을 먹지 못할 거라는 불안감을 느낄 거야. 수를 못 세는데 어떻게 알 수 있냐고? 수를 못 세니까 '빵이 네 개이고 사람이 다섯 명이니 한 명은 못 먹겠네'라는 식으로 생각할 수는 없고 '이 빵은 이 형이 먹고, 요 빵은 요 형이 먹고, 그 빵은 그 형이 먹고, 저 빵은 저 형이 먹으면…. 아! 나한테 남는 빵은 없네'라고 생각할 수 있겠지. 즉, 세지 않아도 빵의 개수보다 사람의 수가 많다는 걸 하나씩 대응해서 알 수 있는 거지. 수의 크기를 비교할 때 수를 세는 방법 말고 대응의 방법을 쓸 수 있다는 얘기야. 실제로 인류가 수를 사용하기 전에 일대일의 방법을 이용해 수를 헤아린 적이 있어.

지금도 오지에 가면 큰 수를 못 세는 종족들이 있다고 해. 원시 시대에도 물론 수를 세지 못했는데 그런 시대에도 사람들은 많음, 적음, 같음을 알 방법을 찾아냈어.

양을 치던 지역의 고대 유적지에서 돌을 가득 채운 항아리가 발견됐어. 그 항아리의 용도를 수와 관련해 다음과 같이 해석한 게 있어.

당시 울타리 안에 양이 몇 마리 있는지는 셀 수 없어도, 양들이 나갔다가 풀을 뜯고 다시 돌아왔을 때 모든 양이 돌아왔는지 그렇지 않은지를 알았어. 수를 세지도 않고 말이야. 어떻게 알았을까?

양치기들이 돌을 채운 항아리를 문 옆에 놓고, 양이 한 마리씩 나갈 때마다 항아리에서 돌을 하나씩 꺼내놓았다는 거야. 그러면 나간 양의 개수만큼 돌이 꺼내져 있겠지. 그리고 양들이 한나절 풀을 뜯고 한 마리씩 문으로 들어올 때마다 꺼내놓았던 돌을 항아리에 넣었다고 해. 만약에 돌이 남아 있으면 돌아오지 않은 양이 있는 것이므로 찾으러 나갔대. 수를 셀 수 없었던 당시 사람들은 대응이라는 방식을 이용해서 많고 적음을 비교할 수 있었던 거지.

이렇게 돌 하나에 양 하나씩, 빵 하나에 사람 한 명씩을 대응시키는 것을 수학에서는 일대일 대응이라고 해. 지금은 수를 세는 것이 너무 익숙해서 많고 적음을 수만 봐도 알 수 있지만, 역사적인 배경을 살펴보면 대응하는 방식이 수를 세는 것보다 더 자연스러운 인지 작용임을 알 수 있어.

두 대상의 많고 적음을 비교할 때 일대일 대응이 되면 두 대상의 개수가 같은 것이고, 일대일 대응을 해서 남는 쪽이 있다면 남는 쪽의 개수가 많은 거지. 이게 바로 일대일 대응으로 비교하는 방법이야.

실제로 세지 않고 크기를 비교하는 방법은 많아. 생각해보면 분수 역시 세지 않아도 크기를 비교할 수 있잖아. 피자 한 판의 $\frac{2}{3}$를 남긴 것이 $\frac{3}{7}$을 남긴 것보다 많다는 것을 알 수 있는 것처럼, $\frac{2}{3}$는 반이 넘고, $\frac{3}{7}$은 반이 넘지 않는다는 것을 생각할 수 있다면 계산하지 않고도 알 수 있지?

그러면 일대일 대응 방식으로 개수가 무한히 많은 수의 크기를 비교해볼까?

우선 자연수와 짝수 개수의 크기를 알아보자.

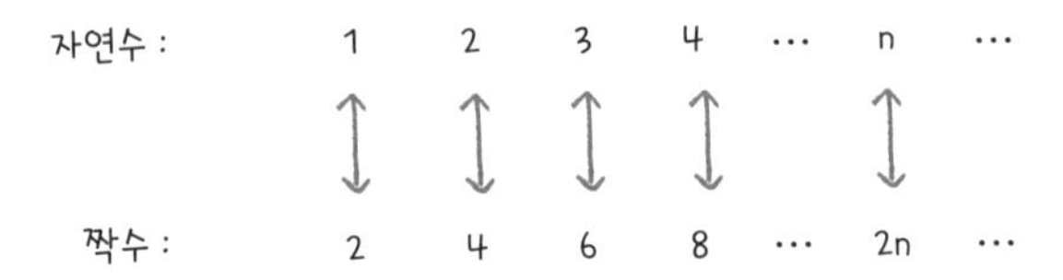

자연수와 짝수는 끝이 없지? 그래도 그들 사이에서는 일대일 대응이 돼. 그렇다면 자연수와 짝수가 개수가 같다고 이야기할 수 있지? 자연수의 부분인 짝수가 자연수 전체와 개수가 같을 수 있는 일이 생기게 되어, 부분이 전체의 개수와 같아지는 결과가 생기는 거야. 더 놀라운 것은 이를 확장하면 자연수와 유리수도 일대일 대응 방식이 되어 그 둘의 개수가 같다는 결론에 이르게 되지.

어떻게 자연수의 부분인 짝수가 자연수 전체와 개수가 같을 수 있는 거지? 어떻게 유리수의 부분인 자연수가 유리수와 개수가 같다는 거지? 이 문제로 수학자들도 한동안 혼란에 빠졌어. 하지만 결국 부분의 개수가 전체의 개수와 같아지는 현상은 무한에서만 성립한다는 것을 알게 됐어.

그렇다면 자연수의 개수와 실수의 개수도 같을까? 자연수는 분명 실수의 일부분이잖아.

자연수의 개수와 실수의 개수에서는 일대일 대응 관계가 성립하지 않아. 어떻게 대응시켜도 실수 쪽에 대응되지 않는 수가 남게 된다는 걸 증명할 수 있었지. 그래서 실수의 개수는 자연수의 개수보다도 많다는 결론에 도달했어.

수학자들은 개수가 무한히 많은 것들을 분류하는 작업에 착수했고, 무한도 크기가 서로 다른 무한 개의 무한이 있다는 것을 증명했어. 이제 수학적으로 크기가 여러 종류의 무한이 있음을 알게 됐지. 즉 수학적으로 무한이 단수 infinity가 아니라 복수 infinities(무한들)가 됐어. 일대일 대응을 통해 무한성을 이해할 수 있는 심오한 기틀을 마련한 덕에, 이제 우리는 무한의 세계도 수학적으로 아름다운 체계를 갖추고 있음을 알게 됐지.

순수함만을 남기는 추상화 과정

다음과 같은 식이 있다고 해보자.

사과 5개+사과 3개=사과 8개

이것만 보고 사과의 상태나 질에 대해 알 수 있을까? 당연히 알 수가 없지. 우리가 '사과 5개+사과 3개=사과 8개'라고 할 때는 사과의 질에는 상관하지 않고 오직 양, 즉 개수에만 집중하는 거지. 그런데 사과를 재배하는 사람들도 이렇게 생각할까? 그들은 상자에 사과를 넣을 때 벌레 먹은 사과, 흠집이 많이 난 사과는 버리거든. 그러니 그 사람들에게는 '사과 5개+사과 3개'가 '사과 8개'가 아닐 수도 있어.

사과의 질을 판단하는 것은 사람마다 지역마다 다를 수 있지만, 단지 사과의 개수만을 말할 때는 모든 지역에 있는 모든 사람이 동의할 수 있지. 즉 개수만의 합은 일반적으로, 혹은 보편적으로 성립해.

더하는 과정을 다시 음미해보면, 우리는 개수를 셀 때 사과의 색깔이라든가 질이라든가 등의 불필요한 것들을 마음속에서 제거한다고 말할 수 있어. 쓸데없는 것들을 생각하면 편견이나 선입견을 품게 되기도 하거든. 쓸데없는 것을 제거하고 나면, 순수한 형태를 띠게 되지. '5+3=8'과 같이 말이야.

이런 과정을 추상화라고 해. '사과 5개'와 '사과 3개'가 있을 때, 5와 3이 추상화 과정을 통해 우리 마음속에 들어오고 수학의 세계를 통해 '5+3=8'을 얻게 되지. 그리고 수학 세계에서 '5+3=8'이라는 발견은 다시 현실 세계의 문제로 와서 '사과 8개'가 있다는 것을 알게 하는 거야.

추상화의 과정, 이것이 수학의 핵심이야. 이 순수한 형태로서의 대상은 현실에는 없어. '5+3=8'은 만질 수도, 냄새를 맡을 수도, 볼 수도 없어. 이렇게 추상화된 대상들은 현실 세계에서 보는 불완전하고 변화하는 것이 아니라 우리의 마음속에 있고, 순수함으로 아름답고, 늘 확실한 모습을 띠고 있어. 눈이 오나 비가 오나, 세월이 한참 지나도 늘 '5+3=8'이야.

또한 '5+3=8'은 세는 것에만 몰두하니 정확하고 효과적이야. 그리고 이 과정을 모든 사람이 동의하니, 그것을 바탕으로 같이 노력해 더욱 발전시킬 수가 있지. 그렇게 수학의 세계는 점점 발전해왔어.

소수
- 수들아, 내가 너희의 이름을 지어줄게!

자연계에는 상황에 따라 색을 바꾸는 동물들이 있어. 대표적인 것이 카멜레온이지? 카멜레온이 색을 다양하게 바꾸는 이유는 아마도 생존하는 데 유리하기 때문일 거야.

다양함 그리고 다양한 방식은 뭔가를 풍성하게 해. 언어의 세계나 수의 세계에서도 마찬가지야. 슬픈 감정을 나타내는 말이 '슬프다' 하나만 있는 것이 아니라 '가슴이 아리다', '먹먹하다', '마음이 아프다', '눈물이 난다' 등 여러 가지가 있잖아. 그런 말들이 있기에 우리 마음을 다양하게 표현할 수 있듯이, 수도 다양한 방식으로 표현함으로써 수의 세계를 더 풍성하게 할 수 있어. 가령 분수를 소수로 표현함으로써, 같은 것을 또 다른 이름으로 부름으로써 그것이 가진 의미를 풍성하게 할 수 있지. 또한 수의 세계에 대한 개념도 더 넓힐 수 있어.

앞 장에서 자연수, 정수, 분수, 무리수, 실수를 공부했지? 이 수들을 모두 수직선 위에 나타낼 수 있어. 이제 수직선에 있는 수의 모습을 살펴보자. 수직선에 있는 수는 정수로 나타내는 부분과 정수와 정수 사이에 있는 소수 부분으로 나뉘게 돼.

정수+정수 사이에 있는 소수 부분

정수와 정수 사이에 있는 소수 부분의 표현 방식은 실제로는 0과 1 사이에 있는 소수 부분을 표현하는 방식에 의해 정해지지. 0.1, 0.12, 0.2…와 같이 0과 1 사이에 있는 수를 작은 수라는 의미로 소수라고 하는 거야.

우선 소수에 따른 수의 이름을 생각해보자. 소수 부분이 없다면 정수가 되고, 소수 부분이 있다면 소수의 모습에 따라서 유리수나 무리수가 돼. 예를 들어 3, 4와 같은 수는 정수가 되고 3.45, 2.12와 같이 소수 부분이 있으면 유리수가 되는 거지. 그런데 3.14567899…와 같이 소수 부분이 있다고 해도 끝이 없다면? 이럴 때 어떤 수는 유리수이지만 어떤 수는 유리수가 아니야. 무리수인 것도 있어. 어떨 때 유리수가 되고, 어떨 때 무리수가 되냐고? 이제부터 그걸 알아보려 해.

무한소수도 분수로 나타낼 수 있을까?

앞에서 1보다 작은 수를 소수라고 부른다고 했지? 그런데 소수라 해도 모두가 같은 소수라고 하기에는 서로 다른 점이 발견됐어. 0과 1 사이에 있는 소수 부분을 분류해보면 다음과 같아.

$$0.49382084$$

먼저 위와 같이 소수점 아래에 0이 아닌 숫자가 유한 번 나타나 끝이 있는 소수가 있지.

$$0.389438948934587760948734 8\cdots$$

그리고 위와 같이 소수점 아래에 0이 아닌 숫자가 무한 번 나타나는 소수가 있어.

소수점 아래에 0이 아닌 숫자가 유한 번 나타나는 소수를 유한소수, 무한 번 나타나는 소수를 무한소수라고 불러. 유한소수의 가장 큰 특징은 항상 분수로 나타낼 수가 있다는 거야. 분수로 나타낼 수 있으니 유리수지. 예를 들어 유한소수 0.49382084는 $\frac{49382084}{100000000}$의 분수 꼴로 나타낼 수 있으니 유리수야.

그럼 무한소수도 분수로 나타낼 수 있을까? 만약 분수로 나타낼 수 있는 무한소수가 있다면 그것도 유리수라고 이름 붙일 수 있을까? 물론이지.

그런데 재미있는 부분은 이거야. 무한소수의 모습에 따라 분수로 나타낼 수 있는 것과 분수로 나타낼 수 없는 것이 있다는 사실. 분수로 나타낼 수 있는 소수의 모습은 무엇일까? 바로 이거야.

되풀이되는 모습!

무한소수 중에는 3.541541541…에서 541이 반복되는 것처럼, 소수점 아래의 어떤 자리에서부터 일정한 숫자의 배열이 무한히 되풀이되는 경우와 그렇지 않은 경우가 있어. 이때 무한히 되풀이되는 경우를 순환하는 무한소수 또는 간략하게 순환소수라고 부르고, 그렇지 않은 경우를 순환하지 않는 무한소수 또는 순환소수가 아닌 무한소수라고 불러.

순환소수는 유리수일까? 만약 분수로 표현할 수 있다면 유리수겠지. 한번 알아볼까?

순환소수에서 되풀이되는 한 부분을 순환마디라고 하는데, 이 순환마디를 이용해 순환소수를 분수로 만들 수 있어.

예를 들어 0.2587587587587…은 순환하는 무한소수야. 우선 순환마디를 찾아봐. 여기서는 587이 계속 반복되기 때문에 587이 순환마디지(보통 순환소수는 첫 번째 나타나는 순환마디 양쪽 끝의 숫자에 점을 찍어서 나타내지. 일테면 $0.2587587587587\cdots=0.2\dot{5}8\dot{7}$처럼 말이야).

순환이 시작되기 전의 소수(0.2)와 순환마디의 소수

(0.0587587⋯) 두 부분으로 나누어 생각해보자.

$$x=0.2587587587587\cdots=0.2+0.0587587\cdots$$

여기서 우선 양변에 10을 곱해 다음과 같이 만들 수 있지.

$$10x=2.58758758758\cdots=2+0.587587\cdots \quad (1)$$

이제 두 번째로 순환마디가 되풀이되는 부분과 앞의 부분, 둘로 나누어 생각해보자. 즉, 이렇게 나눌 수 있지?

$$x=0.258758758758\cdots=0.2587+0.0000587587\cdots$$

여기서 양변에 10000을 곱해.

$$10000x=2587+0.587587\cdots \quad (2)$$

어때? (1)과 (2) 식에 끝없이 되풀이되는 순환마디를 갖게 되지?

이제 식 (2)에서 (1)을 변끼리 빼면 공통으로 포함된 순환마디가 감쪽같이 사라지지. 그러면 다음과 같이 분수로 표현할 수 있어.

$$9990x=2585,\ 즉\ x=\frac{2585}{9990}$$

이처럼 순환마디가 공통으로 나오게 되는 두 가지 경우의 식을 찾아서, 두 식을 놓고 뺄셈을 해주면 순환마디를 없앨 수 있어. 이 방법을 이용하면 모든 순환하는 무한소수를 분수로 나타낼 수 있지. 따라서 이런 결론을 얻게 돼.

순환소수의 또 다른 이름은
유리수

유리수와 무리수, 우리에게 또 다른 이름이 있다고?

그렇다면 순환소수가 아닌 무한소수의 또 다른 이름은 무엇일까? 이 질문에 답하기 위해, 반대로 분수의 입장에서 이야기를 해보려 해.

정수가 아닌 유리수, 즉 분수는 어떤 소수의 모양을 갖는지 알아보자. 우선 분수가 유한소수로 나타나려면 분모를 10의 거듭제곱 형태로 만들 수 있어야 해. 10, 100, 1000, 10000, …처럼 말이야. 그래야 0.1, 0.01, 0.001, …로 표현할 수 있으니까.

$$\frac{\text{한 자릿수}}{10}, \frac{\text{두 자릿수}}{100}, \frac{\text{세 자릿수}}{1000}, \cdots$$

예를 들어 $\frac{2}{5}$에서 분모를 10으로 만들기 위해 분자와 분모에 2를 곱하면 $\frac{4}{10}$가 되어 유한소수인 0.4가 되고, $\frac{3}{4}$은 $\frac{3\times25}{4\times25}=\frac{75}{100}=0.75$가 되어 역시 유한소수지. 이처럼 분모를 10, 100, 1000, …(10의 거듭제곱)으로 만들 수 있으면 유한소수가 되는 거지.

분모를 10의 거듭제곱 형태로 만들 수 있으려면, 그 분수를 더는 약분할 수 없는 기약분수로 만들었을 때 분모의 소인수가 2 또는 5뿐이어야 해. 즉, 기약분수로 만든 분모의 소인수가 2 또는 5뿐이라면 그 분수는 유한소수로 나타낼 수 있어. 만약 2 또는 5 이외의 소인수를 가진다면 당연히 무한소수로 나타나게 되는 거지.

그럼 그 무한소수는 어떤 모습일까?

$\frac{a}{b}$에서 a를 b로 나누는 나눗셈으로 생각해볼까? 나눗셈의 몫을 정해가는 각 단계에서 나머지는 b보다 작아야 하니 0, 1, 2, …, b−1 중의 하나가 되지.

계산하는 과정에서 나머지가 0이 되는 경우가 있다면, 나눗셈은 그것으로 끝나고 '유한소수'라는 답을 얻게 되지. 나머지가 0이 안 된다면, 계산을 끝없이 계속해야 하는 경우로 '무한소수'라는 답을 얻게 돼. 그런데 여기서 중요한

게 있어. 나머지는 항상 1, 2, ⋯, b−1의 경우밖에 없다는 거야.

무한소수이니 나눗셈의 단계는 무한히 이어지지만, 첫 번째 단계부터 b번째 단계가 되기 전에 반드시 나머지로 나타낼 수 있는 수 1, 2, ⋯, b−1 중의 하나가 또다시 나머지로 나타날 수밖에 없지. 이때부터 몫에서도 수의 열이 되풀이되는 순환마디가 나타나게 돼.

여기까지의 내용을 정리해보자. 우선 분수를 기약분수로 만들어. 만약 기약분수로 만든 분모의 소인수가 2 또는 5뿐이라면 그 분수는 유한소수로 나타나고, 만약 분모의 소인수가 2 또는 5 이외의 소인수를 가지게 된다면 그 분수는 순환소수로 나타나지. 그래서 이런 결론을 얻을 수 있어.

정수가 아닌 유리수의 또 다른 이름은
유한소수 또는 순환소수

그러니 순환소수가 아닌 무한소수는 분수로 나타낼 수가 없는 거야. 분수로 나타난다면 그것은 유한소수 또는 순환소수니까.

수직선에 나타날 수 있는 수들은 유리수가 아니면 무리수잖아. 순환소수가 아닌 무한소수는 분수로 나타낼 수 없으니 유리수는 아니고, 그러니 무리수일 수밖에 없지.

이제 답이 나왔네. '순환소수가 아닌 무한소수의 또 다른 이름은 무엇일까?'라는 질문의 답은 무리수야. 그래서 유리수가 아닌 수로 정의된 무리수는 다음과 같은 명확한 표현을 찾게 됐지.

무리수는
순환소수가 아닌 무한소수

예를 들어 2의 양의 제곱근인 $\sqrt{2}$는 무리수이니 순환소수가 아닌 무한소수이고 $\sqrt{2}$=1.41421356…처럼 되풀이되는 모습 없이 끝없이 가지만, 1.4, 1.41, 1.414, 1.4142, 1.41421, …과 같은 유리수들로 한없이 가까이 갈 수 있는 거야. 즉 어떤 무리수도 유리수들로 한없이 가까이 가게 할 수 있어.

이런 면이 유리수가 갖고 있는 매우 중요한 성질이야. 원주율 π도 수학자들이 순환소수가 될 수 없다는 것을 증명했어. 즉 π도 무리수지.

$$\pi=3.1415926535\cdots$$

양수를 모았는데 음수가 나타났다!?

앞에서 배운 방법에 따라 순환소수 0.333333…을 분수로 나타내기 위해 다음과 같은 방법을 사용할 수 있어.

$x=0.333\cdots=0.3+0.03+0.003+\cdots$

$10x=3.333\cdots=3+0.3+0.03+\cdots$

아래 식에서 위 식을 빼면

$9x=3$, 즉 $x=\frac{1}{3}$

그러므로 $0.333\cdots=\frac{1}{3}$

그런데 $2+2^2+2^3+\cdots$도 위와 같은 방법으로 값을 구할 수 있을까? 다음을 한번 보자.

$x=2+2^2+2^3+\cdots$

$2x=2^2+2^3+2^4+\cdots$

아래 식에서 위 식을 빼면

$x=-2$

그러므로 $2+2^2+2^3+\cdots=-2$

무언가 이상하지! 양수들을 모았는데 어떻게 음수가 나올 수 있는 거지? 어딘가 잘못된 것이 틀림없어. 이제 그 이유를 알아보자.

순환소수 $0.333\cdots=\frac{1}{3}$에 대한 풀이 과정을 다시 한번 살펴보면 우선 $0.333\cdots$을 구하기 위해 $x=0.333\cdots$이라고 놓았지. 잘 생각해보면 $0.333\cdots$을 x로 놓을 때는 $0.333\cdots$이 고정된 수라고 가정을 한 거지. 하지만 계속 변화하고 고정되지 않는 수라면 $x=0.333\cdots$으로 놓을 수 없는 거야.

그리고 순환소수 $0.333\cdots$이 $\frac{1}{3}$이라는 것은 0.3, 0.33, 0.333, …이 $\frac{1}{3}$에 한없이 다가간다는 거지. 즉 $0.333\cdots=\frac{1}{3}$이라는 것은 계속 가고 있는, 즉 진행하고 있는 것이 아

니라 진행의 결과, 다가가는 값이 $\frac{1}{3}$이라는 거야. 그러니 0.333⋯을 x로 놓을 때는 0.333⋯이 다가가는 고정된 값을 알고 싶어서 그것을 x로 놓았다는 뜻이 되는 거지. 이것은 나중에 수열이라는 것을 배울 때 사용하게 되는데 진행의 결과는 수열의 극한값이라는 개념이야.

$2+2^2+2^3+\cdots$를 구하기 위해 $x=2+2^2+2^3+\cdots$로 놓았을 때의 문제점은 $2+2^2+2^3+\cdots$의 값이 무한히 커지기 때문에 $2+2^2+2^3+\cdots$가 다가가는 고정된 값이 없다는 거야. 그런데 다가가는 고정된 값이 있다고 가정하고 $2+2^2+2^3+\cdots$를 x로 놓았으니 문제가 발생한 거지.

수학에 눈뜨는 순간 2

'무한'의 발견, 현대 수학이 탄생하다!

무한이라는 말을 떠올리면 어떤 생각이 들어? 무언가가 끝없이 이어진다는 생각이 들지 않아?

그리스 시대부터 근대에 이르기까지 수학자들이 무한을 생각할 때는 1, 2, 3, …처럼 끝없이 계속 커지는 의미로서의 무한을 생각했어. 끝이 없는 무한, 한없이 증대되는 무한이지. 그런 의미에서의 무한을 가능한 무한potential infinity이라고 할 수 있어. 가능한 무한은 최종적인 어떤 것이 있는 실제 무한actual infinity과는 다른 것으로 생각했지.

가능한 무한을 이야기할 때는 무한이라는 말을 할 수 있어도 어떤 수처럼 파악할 수 있는 것으로 여기진 않았지. 그래서 무한을 인간의 능력으로는 해결할 수 없는 것으로 간주해 수학의 연구 영역에서 배제했어.

한편 어떤 수에 한없이 가깝게 가고 있는 수들의 열을 생각해보자. 이를테면 다음의 경우가 그렇지.

$$1.4,\ 1.41,\ 1.414,\ 1.4142,\ 1.41421,\ \cdots$$

유리수만을 생각할 때는 최종적인 결과를 파악할 수 없지만, 수의 영역을 무리수로까지 확장해 생각해보면 최종적으로 무리수, 즉 $\sqrt{2}$에 도달한다는 것을 알 수 있어.

한없이 가는 것의 최종적인 결과를 파악할 수 있게 한 무리수의 개념은 수학의 연구 영역으로 들어오게 됐고, 이를 통해 무리수의 깊은 개념들이 밝혀졌지.

이런 예를 계기로 무한도 그 최종적인 결과를 파악할 수 있다는 실제 무한의 개념을 수학의 연구 영역에 포함할 수 있다는 놀라운 착안을 한 사람이 있어. 바로 위대한 수학자 게오르크 칸토어Georg Cantor야.

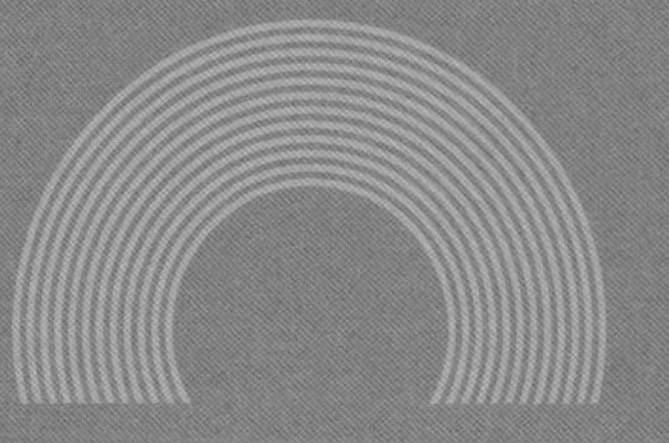

사유의 새로운 지평

Philos 시리즈

인문·사회·과학 분야 석학의 문제의식을 담아낸 역작들
앎과 지혜를 사랑하는 사람들을 위한 우리 시대의 지적 유산

Philos 001-003

경이로운 철학의 역사 1-3

움베르토 에코·리카르도 페드리가 편저 | 윤병언 옮김

문화사로 엮은 철학적 사유의 계보

움베르토 에코가 기획 편저한 서양 지성사 프로젝트
당대의 문화를 통해 '철학의 길'을 잇는 인문학 대장정

165*240mm | 각 904쪽, 896쪽, 1,096쪽 | 각 98,000원

Philos 004

신화의 힘

조셉 캠벨·빌 모이어스 지음 | 이윤기 옮김

왜 신화를 읽어야 하는가

우리 시대 최고의 신화 해설자 조셉 캠벨과
인터뷰 전문 기자 빌 모이어스의 지적 대담

163*223mm | 416쪽 | 32,000원

Philos 005

장인: 현대문명이 잃어버린 생각하는 손

리처드 세넷 지음 | 김홍식 옮김

"만드는 일이 곧 생각의 과정이다"

그리스의 도공부터 디지털 시대 리눅스 프로그래머까지
세계적 석학 리처드 세넷의 '신(新) 장인론'

152*225mm | 496쪽 | 32,000원

Philos 006

레오나르도 다빈치: 인간 역사의 가장 위대한 상상력과 창의력

월터 아이작슨 지음 | 신봉아 옮김

"다빈치는 스티브 잡스의 심장이었다!"

7,200페이지 다빈치 노트에 담긴 창의력 비밀
혁신가들의 영원한 교과서, 다빈치의 상상력을 파헤치다

160*230mm | 720쪽 | 68,000원

Philos 007

제프리 삭스 지리 기술 제도: 7번의 세계화로 본 인류의 미래

제프리 삭스 지음 | 이종인 옮김

지리, 기술, 제도로 예측하는 연결된 미래

문명 탄생 이전부터 교류해 온 인류의 70,000년 역사를 통해
상식을 뒤바꾸는 협력의 시대를 구상하다

152*223mm | 400쪽 | 38,000원

Philos 근간

*** **뉴딜과 신자유주의**(가제)

신자유주의가 어떻게 거의 반세기 동안
미국 정치를 지배하게 되었는지에 대한 가장 포괄적인 설명

게리 거스틀 지음 | 홍기빈 옮김 | 2024년 5월 출간 예정

*** **크랙업 캐피털리즘**(가제)

재러드 다이아몬드 『총, 균, 쇠』의 역사 접근 방식을
자본주의 역사에 대입해 설명한 타이틀

퀸 슬로보디언 지음 | 김승우 옮김 | 2024년 6월 출간 예정

*** **애프터 더 미라클**(가제)

40년 만에 재조명되는 헬렌 켈러의 일대기
인종, 젠더, 장애… 불평등과 싸운 사회운동가의 삶

맥스 윌리스 지음 | 장상미 옮김 | 2024년 6월 출간 예정

*** **플러시**(가제)

뜻밖의 보물, 똥에 대한 놀라운 과학
분변이 가진 가능성에 대한 놀랍고, 재치 있고, 반짝이는 탐험!

브리 넬슨 지음 | 고현석 옮김 | 2024년 6월 출간 예정

*** **알파벳의 탄생**(가제)

인류 역사상 가장 중요한 발명품, 알파벳에 담긴
지식, 문화, 미술, 타이포그래피의 2500년 역사

조해나 드러커 지음 | 최성민 옮김 | 2024년 7월 출간 예정

*** **전쟁의 문화**(가제)

퓰리처상 수상 역사학자의 현대 전쟁의 역학과 병리학에 대한
획기적인 비교연구

존 다우어 지음 | 최파일 옮김 | 2024년 8월 출간 예정

*** **종교는 어떻게 진화하는가**(가제)

종교의 본질, 영장류와 인간의 유대감 메커니즘에 관한
학제 간 연구

로빈 던바 지음 | 구형찬 옮김 | 2024년 10월 출간 예정

Philos 018

느낌의 발견: 의식을 만들어 내는 몸과 정서

안토니오 다마지오 지음 | 고현석 옮김 | 박한선 감수·해제

느낌과 정서에서 찾는 의식과 자아의 기원

'다마지오 3부작' 중 두 번째 책이자 느낌-의식 연구에
혁명적 진보를 가져온 뇌과학의 고전

135*218mm | 544쪽 | 38,000원

Philos 019

현대사상 입문: 데리다, 들뢰즈, 푸코에서 메이야수, 하먼, 라뤼엘까지 인생을 바꾸는 철학

지바 마사야 지음 | 김상운 옮김

인생의 '다양성'을 지키기 위한 현대사상의 진수

이해하기 쉽고, 삶에 적용할 수 있으며,
무엇보다도 마음을 위로하고 격려하는 궁극의 철학 입문서

132*204mm | 264쪽 | 24,000원

Philos 020

자유시장: 키케로에서 프리드먼까지, 세계를 지배한 2000년 경제사상사

제이컵 솔 지음 | 홍기빈 옮김

당신이 몰랐던, 자유시장과 국부론의 새로운 기원과 미래

'애덤 스미스 신화'에 대한 파격적인 재해석

132*204mm | 440쪽 | 34,000원

Philos 021

지식의 기초: 수와 인류의 3000년 과학철학사

데이비드 니런버그·리카도 L. 니런버그 지음 | 이승희 옮김 | 김민형 추천·해제

서양 사상의 초석, 수의 철학사를 탐구하다

'셀 수 없는' 세계와 '셀 수 있는' 세계의 두 문화,
인문학, 자연과학을 넘나드는 심오하고 매혹적인 삶의 지식사

132*204mm | 626쪽 | 38,000원

Philos 022

센티언스: 의식의 발명

니컬러스 험프리 지음 | 박한선 옮김

따뜻한 피를 가진 것만이 지각한다

지각 동물, '센티언트(Sentients)'의 기원을 찾아가는
치밀하고 대담한 탐구 여정

135*218mm | 340쪽 | 30,000원

Philos 023

혐오: 우리는 왜 검열이 아닌 표현의 자유로 맞서야 하는가?

네이딘 스트로슨 지음 | 홍성수·유민석 옮김

결국 우리는 적의 언어가 아니라 친구들의 침묵을 기억할 것이다

차별에 맞서는 가장 강력한 해법 '대항표현'을 말하다

132*204mm | 332쪽 | 28,000원

Philos 024

인덱스: 지성사의 가장 위대한 발명품, 색인의 역사

데니스 덩컨 지음 | 배동근 옮김

찾고자 하는 지식이 어디 있는지를 아는 자는 그것의 획득에 근접해 있다

지식문화에 혁신을 가져온 경이로운 도구, 색인(index)에 관하여

132*204mm | 488쪽 | 35,000원

Philos 025

미국이 만든 가난: 가장 부유한 국가에 존재하는 빈곤의 진실

매슈 데즈먼드 지음 | 성원 옮김 | 조문영 해제

사람을 섬기는 자본주의는 가능한가?

빈곤층을 착취하는 미국 부유층의 민낯과, 끊임없이 이어지는 가난에 대한 통찰

132*204mm | 416쪽 | 32,000원

Philos 026

생명 그 자체의 감각: 의식의 본질에 관한 과학철학적 탐구

크리스토프 코흐 지음 | 박제윤 옮김

세계적 신경과학자가 밝히는 의식 연구의 최전선

현대 의식 이론의 가장 유력하고 논쟁적인 이론, 통합정보이론(IIT)을 말하다

135*218mm | 432쪽 | 38,000원

Philos 027

제로에서 시작하는 자본론

사이토 고헤이 지음 | 정성진 옮김

15만 독자가 사랑한 궁극의 자본론 입문서

자본주의로부터 부를 되찾기 위한, 전 세계가 주목하는 젊은 석학의 담대한 통찰

132*204mm | 260쪽 | 28,000원

— Philos 시리즈는 계속 출간됩니다.

창조적 시선

인류 최초의 창조 학교 바우하우스 이야기

김정운 지음 | 윤광준 사진 | 이진일 감수

'창조성'의 구성사(構成史)에 관한 탁월한 통찰!

김정운의 지식 아카이브 속 가장 중요한 키워드
'바우하우스'를 통해 풀어낸 창조적 시선의 기원과
에디톨로지의 본질. 바우하우스 로드를 직접 걸으며 밝혀낸,
경계와 범주를 넘나드는 창조적 사고의 계보학.

160*230mm | 1,028쪽 | 108,000원

행복의 기원

인간의 행복은 어디서 오는가

서은국 지음

뇌 속에 설계된 행복의 진실

행복이 인생의 목표가 될 수 있을까?
행복하기 위해 사는 게 아니라, 살기 위해 행복을 느낀다면?
이 시대 최고의 행복심리학자가 다윈을 만났다!
진화론의 렌즈로 밝히는 인간 행복의 기원.

140*210mm | 208쪽 | 18,000원

Philos Feminism 005

스티프트

배신당한 남자들

수전 팔루디 지음 | 손희정 옮김

**미국 전역에서 '여자를 싫어하는 남자들'을
인터뷰한 르포르타주**

『백래시』의 저자 수전 팔루디의 또 다른 대표작
박탈감으로 들끓는 현대 남성의 초상화를 그리고
수그러들지 않는 젠더 전쟁의 근원을 추적하다!

132*204mm | 1,144쪽 | 70,000원

그는 집합이라는 개념을 바탕으로 무한을 분류하는 작업을 시작했어. 그리고 유한에서 $0<1<2<3<\cdots$인 수가 있듯이, $N_0<N_1<N_3<\cdots$와 같이 크기가 다른 수많은 무한이 있다는 것을 증명했어.

시대를 뛰어넘는 이 위대한 생각을 당시 대부분의 수학자가 반대했어. 그렇지만 칸토어가 세상을 떠나고 반대하는 집단들도 서서히 사라진 후, 수학계에서는 결국 그의 실제 무한에 관한 연구를 인정하게 됐지. 실제 무한에 관한 집합의 연구를 통해 수학은 더욱 심오한 수준에 이르게 됐고, 이후 집합에 대한 이론을 토대로 현대 수학이 탄생했어.

이야기 되돌아보기 2

소수

■ 중등 수학 2-1

1보다 큰 자연수 중에서 1과 자기 자신만을 약수로 가지는 수를 소수라 한다. 어떤 자연수의 약수 중에서 소수인 것을 그 자연수의 소인수라고 하고, 그 수를 소인수들만의 곱으로 나타내는 것을 소인수분해 한다고 한다. 자연수를 소인수분해 할 때 그 방법이 유일하다.

실수

■ 중등 수학 3-1

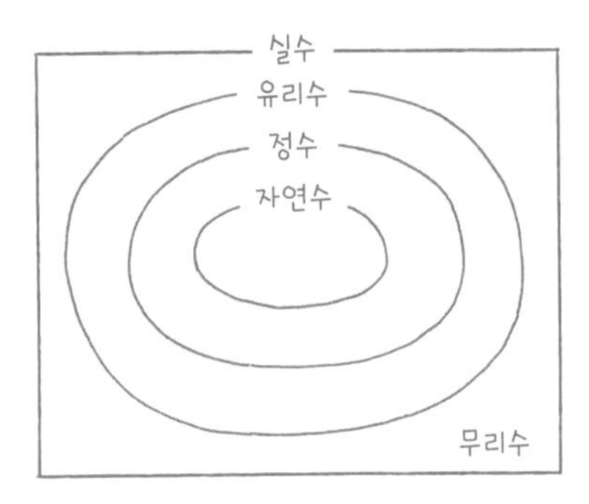

모든 유리수와 모든 무리수를 합친 것을 실수라 한다. 유리수의 점들만으로 배열한 선은 연속이 될 수 없지만, 실수로는 수직선을 빈틈없이 채울 수 있어서 실수의 점들로 배열한 선은 연속된다.

일대일 대응

두 대상의 많고 적음을 비교할 때 일대일 대응이 되면 두 대상의 개수가 같은 것이고, 일대일 대응을 해서 남는 쪽이 있다면 남는 쪽의 개수가 많음을 의미한다. 자연수의 개수와 실수의 개수를 대응시키면 실수 쪽에 대응되지 않는 수가 남는 것을 증명함으로써 실수의 개수는 자연수의 개수보다 크다는 것을 알 수 있다.

유한소수

■ 중등 수학 2-1

소수점 아래에 0이 아닌 숫자가 유한 번 나타나는 소수를 유한소수라 한다. 유한소수의 가장 큰 특징은 항상 분수로 나타낼 수 있다는 것이며, 분수로 나타낼 수 있으니 유리수에 속한다.

무한소수

■ 중등 수학 2-1

소수점 아래에 0이 아닌 숫자가 무한 번 나타나는 소수를 무한소수라 한다. 무한소수의 모습에 따라 분수로 나타낼 수 있는 것과 분수로 나타낼 수 없는 것이 있다.

순환소수

■ 중등 수학 2-1

소수점 아래의 어떤 자리에서부터 일정한 숫자의 배열이 무한히 되풀이되는 경우와 그렇지 않은 경우가 있다. 이때 무한히 되풀이되는 경우를 '순환하는 무한소수' 또는 간략하게 순환소수라 하고, 그렇지 않은 경우를 '순환소수가 아닌 무한소수'라 한다. 모든 순환하는 무한소수는 분수로 나타낼 수 있어 유리수에 속하며, 순환소수가 아닌 무한소수는 분수로 나타낼 수 없으므로 무리수에 속한다.

$\frac{a}{b+c} \neq \frac{a}{b} + \frac{a}{c}$

$x^2 - a^2 =$

$\int e^x dx = e^x + C$

$\log_a$

$a^n a^m = a^{n+m}$

$x^2 + 3y^2 = 0$

$2x + y = 2$

$+ by = u$

$+ dy = v$

$x^3 + 3ax^2 +$

$x^2 + (a+b)x + ab = (x+a)$

$2^{4y+1} - 3^y = 0$

$2 \log_a(\sqrt{x}) - \log_a(3x+2)$

$\int \frac{x}{\sqrt{1-9x^2}} dx$

$A = P(1+$

$4^{5-9x} = \frac{1}{8^{x-2}}$

$i^2 = -1$

$|a+bi| = \sqrt{a^2+b^2}$

$(a^n)^m = a^{nm}$

$p(x) = (x-r)Q(x)$

$\int \frac{\cos(\sqrt{x})}{\sqrt{x}} dx$

$\frac{8}{x+1}$

$f(x) = ax^2 + bx + c$

$\sqrt[n]{a} = a^{\frac{1}{n}}$

$\sqrt[n]{ab} = \sqrt[n]{a}\sqrt[n]{b}$

$d(P_1, P$

$\log_b(xy)$

$\frac{-b \pm \sqrt{b^2-4ac}}{2a}$

$\int \sec y \, dy =$

$(x-h)^2 + (y-k)^2 = r^2$

$2x \cos^5 2x \, dx$

$y =$

3강

‘수’는 세상을 아름답게 만든다

가우스, 파스칼, 오일러와 함께

반대쪽 바라보기
- 1부터 100까지 모두 더하면?

101=100+1=99+2=98+3= … =2+99=1+100

'뜬금없이 왜 이런 수식을 써놓았을까?' 하는 생각이 들지?

제2차 세계대전 때, 전투기의 생존율을 높이기 위해 미군은 전지에서 귀환한 전투기 기체들이 어느 부분에 적탄을 많이 맞았는지 조사해서 오른쪽 그림과 같이 표시해봤어.

너는 전투기의 어느 부분을 강화해야 한다고 생각해? 총알을 제일 많이 맞은 부분? 아니면 총알을 맞지 않은 부분? 당시 대부분 사람은 총알을 많이 맞은 부분을 더 강하게 만들어야 하므로 그곳을 보강해야 한다고 생각했어. 그런데 자문을 맡았던 수학자 아브라함 발드Abraham Wald는 총알

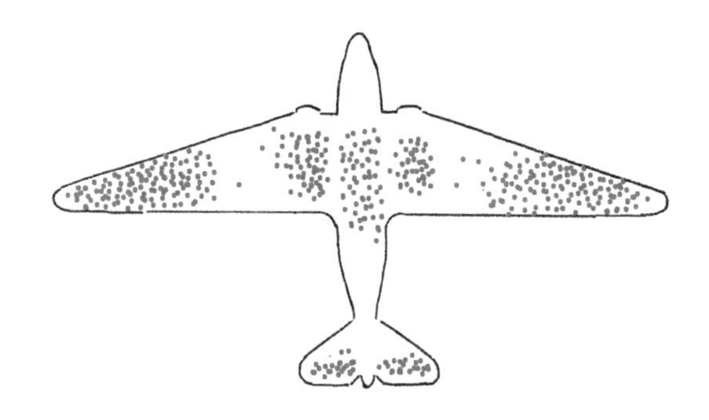

구멍이 난 곳이 아니라 총알구멍이 없는 곳, 즉 엔진 부분을 집중하여 강화해야 한다고 주장했어. 왜 이런 생각을 했을까?

그는 다른 사람들이 총알을 맞은 부분을 집중해서 보고 있을 때 총알을 맞지 않은 부분을 봤어. '왜 엔진 덮개에 총알을 맞은 비행기는 없는 거지?'라는 의문을 품은 거지. 그러고는 조사를 시작했어.

조사 결과가 어떻게 나왔을 것 같아? 정말로 적들의 총탄이 엔진은 맞힐 수 없었던 걸까? 정답은 의외였어.

바로, 추락한 비행기!

엔진에 총알을 많이 맞은 비행기들은 돌아오지 못했기

때문에, 그들이 표시한 그림에서 엔진 부분에 총알을 맞은 비행기가 없었던 거야. 즉, 주어진 질문 '어느 부분에 총알을 가장 많이 맞았을까?'에는 엔진에 총알을 맞은 비행기가 하늘을 날 확률에 대한 계산이 빠져 있었던 거지. 전체에서 한 부분만을 본다면 올바른 답을 도출해낼 수 없어. 이후 미군은 발드의 이 아이디어를 한국전쟁과 베트남전에 적용했어.

수학에서도 그런 면이 많아. 서로서로 다른데, 합하면 전체가 되는 경우 말이야. 이때 한쪽을 중심으로 그 반대쪽, 즉 나머지 부분을 '여complement'라고 불러. 어떤 사실의 반대쪽을 연구하는 것이 수학에서는 매우 심오한 작업이며, 때로는 이를 통해 뜻하지 않은 결과를 얻기도 하지.

앞의 비행기 총알 흔적에 관한 작업에서 볼 수 있듯이, 흔히 한쪽 면은 드러나고 반대쪽은 감춰져 있어서 반대쪽을 인식하기가 쉽지는 않지. 그렇지만 때때로 우리가 보는 쪽이 아닌 반대쪽을 살펴봄으로써 문제 해결의 실마리를 찾을 수 있어.

이를 잘 보여주는 사례가 수학자 카를 프리드리히 가우

스Carl Friedrich Gauss의 어렸을 적 일화야. 가우스가 열 살쯤 됐을 때 1에서 100까지의 모든 자연수를 더하라는 문제를 받았는데, 숫자를 거꾸로 더했더니 모두 101이 나온다는 것을 발견하고는 금방 풀었지. 101이 100번 나오고 두 번 더해진 거니 반으로 나누면 된다는 방식으로 말이야.

$$
\begin{array}{rrrrrrrr}
 & 1 + & 2 + & 3 + & \cdots\cdots & + 98 & + 99 & + 100 \\
+ & 100 + & 99 + & 98 + & \cdots\cdots & + 3 + & 2 + & 1 \\
\hline
 & 101 + & 101 + & 101 + & \cdots\cdots & + 101 & + 101 & + 101
\end{array}
$$

즉 1과 100의 가운데를 중심으로 첫 번째 수(1)와 마지막 수(100), 2와 99, 3과 98, … 100과 1의 합이 모두 101임을 이용해 쉽고 정확하게 푼 거지. 여기서 101을 전체라고 보면 100의 반대편 나머지는 1, 99의 나머지는 2, 98의 나머지는 3, …이 되지.

수학에서 나머지 반대쪽을 생각하면 문제가 쉽게 해결되는 또 다른 예를 살펴볼까?

어떤 오이의 99%가 수분이라고 하자. 오이의 무게는 100g인데 더운 날씨에 수분이 증발해서 수분의 함량이 98%가 됐다가, 좀 더 지나서는 수분의 함량이 96%가 됐다고 해. 그렇다면 수분의 함량이 98%와 96%일 때, 오이의 무게는 각각 얼마일까?

언뜻 보면 답들이 99g에서 95g 사이에 있지 않을까 생각할 텐데, 정말 그런지 한번 풀어볼까? 오이 전체의 무게 중에서 수분이 아닌 나머지의 내용물을 중심으로 생각해보자. 일단 맨 처음, 수분이 99%일 때의 오이는 수분이 99g이고 나머지 내용물이 1g이라는 걸 알 수 있지. 수분이 증발하더라도 수분이 아닌 부분은 여전히 1g으로 남아 있겠지?

이제 수분을 흰 점으로, 수분이 아닌 것을 검은 점으로 나타내보자. 이때 각 점은 1g을 나타내지.

오이의 수분 비율이 98%라는 건 나머지 내용물의 비율이 2%라는 뜻이지. 내용물의 비율이 2%이니, 전체 무게의 $\frac{1}{50}$이 내용물이고 $\frac{49}{50}$가 수분이라는 거잖아. 따라서 검은 점 한 개에 흰 점 마흔아홉 개가 되어야겠지. 모두 합쳐 점의 개수가 50이니 오이의 무게는 50g이 돼. 즉 수분이 50g이나 증발한 거야!

그렇다면 오이의 수분 비율이 96%일 때는? 오이의 무게가 25g이 되니, 수분이 75g이나 증발한 거야. 놀랍지! 이

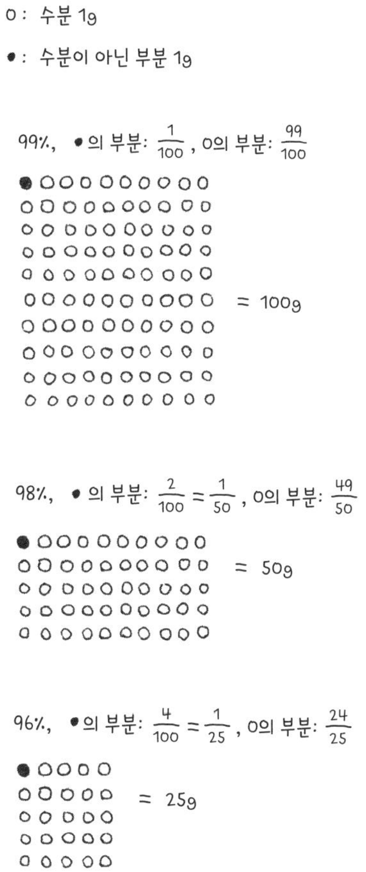

○ : 수분 1g

● : 수분이 아닌 부분 1g

99%, ●의 부분: $\frac{1}{100}$, ○의 부분: $\frac{99}{100}$

●○○○○○○○○○
○○○○○○○○○○
○○○○○○○○○○
○○○○○○○○○○
○○○○○○○○○○
○○○○○○○○○○ = 100g
○○○○○○○○○○
○○○○○○○○○○
○○○○○○○○○○
○○○○○○○○○○

98%, ●의 부분: $\frac{2}{100} = \frac{1}{50}$, ○의 부분: $\frac{49}{50}$

●○○○○○○○○○
○○○○○○○○○○ = 50g
○○○○○○○○○○
○○○○○○○○○○
○○○○○○○○○○

96%, ●의 부분: $\frac{4}{100} = \frac{1}{25}$, ○의 부분: $\frac{24}{25}$

●○○○○
○○○○○ = 25g
○○○○○
○○○○○
○○○○○

문제를 이렇게 쉽게 풀 수 있었던 이유는 문제의 반대쪽을 잘 살펴봤기 때문이야.

《중용》에 '감춰진 것보다 드러나는 것은 없다'라는 표현이 있어. 역설적이지만, 어떤 현상에 대한 이해의 실마리는 오히려 숨겨진 반대쪽에서 드러나는 경우가 많아. 어떤 사람이 너무나 밉고 싫어져서 끙끙댈 때, 그것을 해결하는 방법은 무엇일까? 상대방의 나쁜 점을 하나씩 생각해내는 것일까? 오히려 그 반대쪽, 상대방의 좋은 점을 하나씩 생각할 때 미움의 감정을 해결할 가능성이 열릴 거야. 상대방을 용서하고자 할 때도 그가 보여준 잘못된 행동보다는 나에게 베푼 친절이나 고마웠던 일을 생각하는 것이 해결의 실마리가 될 수 있어.

박노해 시인은 "행복하려면 행복의 반대쪽으로 걸어가라"라고 했어. 이 시구는 불행이라는 것을 아는 사람만이 행복의 진정한 의미를 알 수 있다는 의미가 아닐까? 불행이 닥치면 그동안 당연하게 여겼던 행복의 가치를 깨닫게 되지. 또 성공으로 가는 길은 오히려 그 반대쪽인 실패를 경험한 후에야 보이는 경우도 있어.

수학에서 반대쪽을 돌아보면서 문제를 쉽게 해결할 수 있듯이, 우리 삶도 반대쪽을 돌아볼 때 더욱 성숙해지고 풍성해지지 않을까 생각해.

분배법칙
- 자세히 보면 더 쉬운 방법이 보여!

$101\times99=(100+1)(100-1)=100^2-1^2$

갑자기 식이 나오니 고개가 갸우뚱해지지? 하지만 아주 재미있는 사실을 알게 될 거야.

$(a+b)(a-b)$를 분배법칙을 이용해 계산하면 $a^2+ab-ba-b^2=a^2-b^2$을 얻게 되지. 이제 이 식을 음미해보자. 예를 들어 31×29, 102×98, 503×497, …을 계산할 때 매우 유용하지. 왜냐고? 다음과 같이 되거든.

$31\times29=(30+1)(30-1)=30^2-1^2=899$,

$102\times98=(100+2)(100-2)=100^2-2^2=9996$, …

그런데 이것을 나눗셈에 적용하면 어떨까?

a>b>c인 세 수 a, b, c가 있을 때 다음의 세 수 $\frac{1}{a}+\frac{1}{a}$, $\frac{1}{a+b}+\frac{1}{a-b}$, $\frac{1}{a+c}+\frac{1}{a-c}$의 크기는 순서가 어떻게 될까?

세 수의 분자가 같을 때 분모가 작을수록 더 크니까, 세 수의 분자가 같게 만들어보자. 즉, 다음과 같이 할 수 있어.

$$\frac{1}{a}+\frac{1}{a}=\frac{2a}{a^2},\ \frac{1}{a+b}+\frac{1}{a-b}=\frac{2a}{a^2-b^2},\ \frac{1}{a+c}+\frac{1}{a-c}=\frac{2a}{a^2-c^2}$$

$$\text{즉, } \frac{1}{a}+\frac{1}{a} < \frac{1}{a+c}+\frac{1}{a-c} < \frac{1}{a+b}+\frac{1}{a-b}$$

자 그럼, 같은 크기의 피자 두 판이 있는데, $\frac{1}{5}$쪽짜리 두 개, $\frac{1}{4}$쪽과 $\frac{1}{6}$쪽짜리, $\frac{1}{3}$쪽과 $\frac{1}{7}$쪽짜리의 세 가지 중 하나를 선택할 수 있다면, 어떤 것을 고르는 게 유리할까? 즉 어떤 게 양이 가장 많고 어떤 게 가장 적을까?

$$\frac{1}{5}+\frac{1}{5} < \frac{1}{5+1}+\frac{1}{5-1} < \frac{1}{5+2}+\frac{1}{5-2}$$

어떤 회사에서 2년 연속으로 모든 사원에게 똑같이 장려금을 주되 한 해 두 번에 걸쳐 전반기에 총액 M원으로, 후반기에도 총액 M원으로 나누어 준다고 하자. 첫 번째 해에는 직원이 전반기와 후반기 모두 100명이었는데, 그다음 해에는 전반기에는 101명, 후반기에는 99명이었다고 하자.

그러면 직원들은 어느 해에 장려금을 더 많이 받았을까?

$$\frac{M}{100}+\frac{M}{100}=\frac{200M}{100\times100},\ \frac{M}{101}+\frac{M}{99}=\frac{200M}{(100+1)(100-1)}$$

2-2=0이 아니다?

안과 밖, 좌와 우, 과거와 미래, 찬성과 반대, 선과 악…. 이렇게 서로 다른 둘이 만나면 어떻게 될까? 정반대의 개념을 가지고 있는 둘이 만나 서로의 뜻을 더 부각하기도 하지. 반대 개념의 두 단어가 균형을 잡고자 서로 노력함으로써 각각의 재능과 능력을 더욱 풍성하게 만들기도 해. 이렇게 서로 다른 개념의 언어들이 만나 두 개의 다름이 대칭되면서 조화를 이루는 아름다움이 있어.

수학에도 그런 만남이 있는데, 바로 양수와 음수의 만남이야.

원래 수에는 음수라는 개념이 없이 양수만 있었어. 수가 양수의 반대어인 음수를 갖기까지는 꽤 오랜 시간이 걸렸지. 기원전 그리스 사람들은 만물이 '수'라고 말할 만큼 수를 중요하게 생각하고 깊은 연구를 했지만, 그들이 말하는 수는 양수만을 의미하는 것이었어.

음수를 언제부터 '-'로 표현하게 됐는지는 확실하지 않지만, 한 설에 의하면 15세기 후반에 물품을 보관하는 창고에서 통상적인 중량보다 무게가 초과했을 때는 +로, 미달했을 때는 -로 표시했던 것에서 유래되었다고 해.

음수의 부정적인 이미지 때문인지 사람들은 사용하길 꺼렸는데, 그 단적인 예가 온도의 단위인 화씨Fahrenheit야. 화씨는 독일의 물리학자 다니엘 가브리엘 파렌하이트Daniel Gabriel Fahrenheit의 이름을 딴 거야. 그는 1708~1709년 자신의 고향인 단치히Danzig에서 측정된 가장 낮은 기온을 0°F로 정해 온도계를 만들었다는 이야기가 있어. 그렇게 한 이유는 날씨에 영하(음수)가 나오지 않게 하기 위함이었다고 해.

근대에 들어서도 음수의 개념은 있었지만, 기꺼이 받아들이거나 사용할 생각은 하지 못했어. 그러다가 17세기 후반에 이르러서야 수를 수직선의 점으로 대응함으로써 엄밀한 음수의 개념이 생겨났어. 원점을 0이라고 할 때 오른쪽으로 가는 것을 +1, +2, +3, …으로 나타내고 왼쪽으로 가는 것을 -1, -2, -3, …으로 나타내 수가 원점을 중심으로 +, -의 대칭 관계를 맺으면서 음수가 드디어 수학에 발을 붙이게 됐지. 이런 대칭성을 통해 수는 균형과 보편성의 아름다움을 추구할 수 있게 됐어.

이런 대칭적인 보편성의 개념은 과학 분야와 사회과학 등 많은 학문의 기초를 형성하게 되지. 그런데 흥미롭게도 이 당연한 대칭성에 의문을 품은 사람이 나타났어. 바로 행동경제학자인 리처드 탈러Richard H. Thaler야. 그는 이렇게 생각했지.

'2-2=0은 무엇을 의미할까? 2만큼 갔다가 2만큼 돌아오면 제자리잖아. 2를 얻었다가 2를 잃으면 본전이고, 온도가 2도 올랐다가 2도 내리면 원래의 온도지. 그런데 2-2=0이 두 개에서 두 개를 빼면 아무것도 남지 않는다는 것만을 의미할까? 결과적으로 나온 0은 우리의 삶에서, 역사 속에서 이전의 0과 같은 자리일까?'

그는 설문조사를 통해 2-2=0이 심리학적으로는 틀릴 수도 있다는 것을 밝혔어. 그는 두 가지 경우를 제시하고 사람들에게 어떤 경우가 더 타당한지를 물었지.

- 경우 1: A 자동차의 인기가 폭발해 자동차 딜러는 이전에는 정가로 판매했지만, 현재는 정가보다 200달러 높게 판매한다.
- 경우 2: A 자동차의 인기가 폭발해 자동차 딜러는 이전에는 정가보다 200달러 할인해서 판매했지만, 현재는 정가로 판매한다.

이때 사람들은 어떤 경우를 더 공정하고 타당하다고 생각할까? 두 경우 모두 구매자는 이전보다 200달러를 더 주고 사는 상황인데도 '경우 1'에서는 71%가 부당하다고 답했고, '경우 2'에 대해서는 58%가 타당하다고 답했어. 즉, 200달러의 실제 손실이 나는 것과 200달러의 이득이 감소하는 것은 수치상으로는 200-200=0이지만, 심리상으로는 200달러 이득 감소보다 200달러 실제 손실이 더 크게 느껴진다는 거야(심리적으로 200달러 이득 감소 < 200달러 실제 손실). 같은 예로, 신용카드를 사용하면 할증한다고 하기보다는 현금을 쓰면 할인해준다고 하는 게 심리적으로 더 그럴듯하게 느껴지지 않아?

1000원을 투자해서 200원을 벌 때와 1000원을 투자해서 200원을 잃었을 때, 숫자상으로는 '200(벌었을 때의 느낌)-200(잃었을 때의 기쁨)=0'이므로 기쁨과 상실의 느낌이 같아야 하는데, 심리적으로는 잃은 것에 대한 상실감과 공포가 더 크게 느껴진다는 거야. 어쩌면 우리는 얻는 것에 대한 기쁨보다 잃는 것에 대한 두려움을 더 크게 생각해서 섣불리 새로운 것에 도전하지 못하는 것 아닌가 하는 생각도 들어.

우리가 살아가는 데에도 비슷한 면이 있어. 우리가 느끼기에 양수와 음수라고 여겨지는 요소들(이를테면 성공과 실패)의 결합이 우리 삶의 결이 아닐까? 삶의 공식이 2-2=0이라고 느껴질 때가 있지. 어떤 사건을 통해 뭔가를 얻는 부분이 있다면, 다른 측면으로 보면 잃는 부분이 발생하기도 하지. 반대로 잃는 게 있으면 반드시 얻는 것도 있으니 서러워할 일만은 아니야. 실패를 통해 발생하는 0은 실패 이전 처음의 0과는 달라. 그 안에 풍성함이 있고, 가르침이 있어. 그래서 실패를 성공의 어머니라고도 하잖아.

0이 무한대가 되는 순간

강낭콩이 자라는 과정을 관찰한 적이 있니? 콩을 땅에 묻고 며칠 지나면 콩에서 뿌리가 나오고 떡잎이 나오지. 그리고 이틀 정도 지나면 떡잎이 갈라지면서 본잎들이 나와. 처음에 녹색이던 떡잎은 본잎들이 잘 자라도록 양분을 공급해주고 정작 자신은 누르스름해지다가 점점 말라서 땅에 떨어져 죽게 되지.

하나의 강낭콩이 떡잎으로 발화해 강낭콩이 잘 자랄 수 있도록 영양분을 공급해주다가 결국 땅에 떨어져 죽는다는 것, 그걸 산술적으로 생각하면 없어지는 것이니까 0이 됐다고 할 수 있겠지. 그러나 실제로는, 하나의 강낭콩이 땅에 떨어져 죽음으로써 많은 수의 강낭콩을 얻게 돼. 강낭콩 입장에서 볼 때 단순한 산술로 얻어지는 결과가 0인 것은 맞지만, 그 0은 0으로 존재하는 것이 아니라 수많은 결과를 내는 0으로 존재하게 되는 거지. 단순한 산술을 뛰어넘는 계산법이야. 산술을 뛰어넘는 눈으로 세상을 보고 행동할 때, 단순한 산술이 가져올 수 없는 풍요롭고 풍성한 열매를 맺는 것을 우리는 종종 보게 돼.

프랑스 칼레의 시민 대표 여섯 명에 대한 이야기를 해볼게. 영국과 프랑스 사이에 벌어졌던 백년전쟁 때의 일이야. 프랑스의 칼레시는 열악한 조건에서도 영국군에 치열하게 대항했으나 결국 항복하게 돼. 그런데 승리를 거둔 영국 왕 에드워드 3세가 이런 제안을 했어.

"시민의 대표 여섯 명을 뽑아서 보내라. 칼레 시민 전체를 대신해 그들을 처형하고 나머지 시민들은 살려주겠다."

로댕은 칼레시를 구한 여섯 명의 숭고한 영웅들 모습을 형상화해 '칼레의 시민'이라는 조각상을 만들었어. 이 작품에서 영웅들의 모습은 위풍당당하기보다는 고뇌에 찬 모습이었지.

독일의 대표적인 표현주의 극작가 게오르크 카이저Georg Kaiser는 로댕 조각상의 고뇌에 찬 인물들에게서 영감을 얻어 희곡 「칼레의 시민The Burghers of Calais」을 썼어. 전장에서 이긴 에드워드 3세가 자발적 희생자 여섯 명이 있으면 칼레의 시민 모두를 살려주기로 했다는 이야기에서 출발해. 카이저는 여섯 명이 아니라 일곱 명이 자원하는 것으로 작품을 설정했지. 여섯 명만 죽으면 되는 상황! 그런데 지원자는 일곱 명! 여섯 명만 자원했다면 모두 아무 생각 없이 죽음의 길에 들어설 수 있었겠지. 하지만 한 명의 여지를 남겨둠으로써, 어쩌면 자신이 희생에서 제외될지도 모른다는 가능성을 각자에게 남겨둠으로써 그들은 다시 삶에 대한 애착을 느끼게 되지. 희곡은 이런 갈등을 통해 처음 그들의 숭고한 결심이 흔들리는 모습을 그리고 있어.

과연 어떤 방식으로 여섯 명을 정하는 것이 가장 아름다운 방법일까? 그 일곱 명은 각기 어떤 생각, 어떤 고뇌의 과정을 통해 어떤 결과를 끌어냈을까? 수학적으로 일곱 명 모두 다른 사람이 희생을 선택하기를 바라면서 살 확률 7분의 1을 기대했을까? 7분의 1이라는 확률 앞에서 어떤 선택이 과연 아름답고 숭고한 결과를 끌어내는 결정일까?

산술적으로는 제비뽑기로 결정하는 것이 공평하고, 합리적인 것으로 생각될 수 있어. 희곡의 내용을 조금 소개할게.

희생에 자원한 지원자 중 마을의 상류층인 외스타슈라는 사람이 있어. 그는 희생 지원자들의 숭고한 정신을 어떻게 시민에게 끝까지 보여줄 수 있을지 고뇌하면서 일곱 명에게 이렇게 제안했어.

"내일 아침 첫 번째 종이 울리면 각자 자기 집에서 나오도록 하시오. 제일 마지막에 시장 중앙에 도착하는 사람이 희생에서 제외될 것입니다."

다음 날 아침, 시장 중앙에는 외스타슈를 제외한 여섯 사람이 모두 도착했어. 시간이 흘러도 외스타슈가 모습을 드러내지 않자 시민들은 웅성거리기 시작했지. 그가 막대한 재산을 지키고 살아남기 위해 간교한 술책을 부렸다고 비난하며 그의 집으로 몰려가려고 해. 그때, 외스타슈의 아버지가 그의 시체가 담긴 관을 앞세우며 나타나. 외스타슈는 희생 지원자들이 공동체를 위해 어떠한 미련도 없이 숭고한 정신으로 죽음의 길을 걸어가게 하려고 먼저 목숨을 끊은 거야. 그의 죽음으로 희생 지원자 여섯 명은 자신들의 의지를 다시 한번 성찰하며, 죽음의 길에 나서게 돼. 외스타슈가 먼저 죽음을 선택함으로써 나머지 여섯 명의 희생 지원자들이 죽음을 초월할 수 있는 새로운 세계관을 갖게 됐다는 것이 희곡의 내용이야. 희곡은 이 과정을 통해 지원자들의 희생적인 행동을 숭고함으로 승화시키고자 했지.

역사적으로는, 영국의 왕이 그들을 풀어주는 반전을 이루지. 외스타슈의 산법은 그가 죽음으로써 공동체를 난관에서 구해내고, 희생을 자원한 이들이 원래 각자의 의도대로 명예로운 길을 가게 했어. 이를 통해 자원한 여섯 명은 보통 사람으로서는 도저히 경험하지 못할 위대한 삶의 경지에 올랐을 거야. 외스타슈는 살아날 확률에 집중하는 산법이 아니라 0이 되는 산법으로 계산해서 행동했지. 결과는 0이 아니라 수많은 울림을 주는 수많은 열매를 맺게 하는 것으로 나타났어.

일반 사람들과 다른 산법을 할 수 있다는 것은 그가 새로운 세상을 보는 눈이 있다는 것이고, 이러한 산법은 다른 사람에게도 새로운 세상을 보는 눈을 열어줬지. 요즘같이 철저한 계산이 중시되는 사회에서는 동화 속에나 있을 법

한 계산법이라는 생각이 들기도 해.

그런데 수가 단순한 숫자놀음이 아니고, 피타고라스가 주장했듯이 '만물의 근원'으로 대접받던 시절도 있었어.

단순한 산술을 뛰어넘는 수

철학의 한 축으로 존재했던 수

숫자의 논리적 속성을 통해 어떤 현상 안에 있는 깊은 의미를 파악하고, 또한 숫자 자체의 완벽한 구조를 통해 영원하고 불변하는 존재를 경험함으로써 우리 영혼이 더 높은 세계를 지향하게 된다고 생각하던 시절이 있었지. 그 시절의 수에 관한 생각을, 관념을 이 시대에 다시 되돌린다면 산술적 계산법을 뛰어넘는 삶의 산술법이 등장할 수 있지 않을까?

카프리카 상수
- 무슨 수를 생각해도 결국 9가 나오는 비밀

나 이제 일어나 가리라, 이니스프리로 가리라.

거기서 진흙과 가지로 작은 오두막을 짓고

아홉 이랑 콩밭 일구며 꿀벌 치면서

꿀벌 소리 요란한 숲에서 홀로 살리라.

노벨 문학상을 받은 윌리엄 버틀러 예이츠William Butler Yeats의 시 「이니스프리 호수 섬」의 도입부야. 오두막집과 아홉 이랑의 밭이 아련하게 그려지는데, 아홉 이랑이라는 표현을 통해 소박하고 단순한 삶을 나타내고자 한 것 같아.

동양에서는 9를 완성을 나타내는 수로도 썼어. 바둑에서 가장 높은 경지를 9단이라고 표현하잖아. 또한 9는 깊고 높고 길고 넓다는 것을 뜻하기도 해서 구천구지九天九地, 구척장신九尺長身, 구중궁궐九重宮闕 등과 같은 표현에도 사용됐어.

수학적으로 다른 수들도 의미가 있지만, 9 역시 매우 의미 있고 재미있는 수야.

여러 가지가 있지만 그중 두 가지만 이야기해볼게.

우선 각 자리의 숫자의 합이 9의 배수이면, 그 수는 9의 배수야.

예를 들어 972는 합이 18=9+7+2이지? 18이 9의 배수이니 972도 9의 배수야.

왜 그럴까? 그 이유는 10=9+1이고 100=99+1이어서, 972=9×100+7×10+2=9(99+1)+7(9+1)+2=9×99+7×9+9+7+2로 표현할 수 있기 때문이지. 99, 9, 그리고 '9+7+2'가 9로 나누어떨어지니 972가 9의 배수인 거지.

또 다른 예로, 네 자릿수인 abcd가 있을 때 abcd=a(999+1)+b(99+1)+c(9+1)+d로 쓸 수 있고, 999, 99, 9가 9로 나누어떨어지니 각 자리의 숫자의 합인 a+b+c+d가

9의 배수이면 abcd도 9의 배수인 거지.

마찬가지로 임의의 수가 있을 때 각 자리의 숫자의 합이 9의 배수이면 그 수는 9의 배수야.

두 번째로 9는 다음과 같은 이유로 더욱 재미있어.

다음 단계를 따라 해봐.

- 1단계: 서로 다른 숫자로 이루어진 두 자릿수를 선택해. 어떤 수도 좋아.
  - 예: 37, 20, 16, …
- 2단계: 선택한 수의 1의 자리 숫자와 10의 자리 숫자를 서로 바꿔.
  - 1단계에 예로 든 숫자로 치면 73, 2, 61, …
- 3단계: 1단계와 2단계에서 얻은 두 수 중 큰 수에서 작은 수를 빼.
  - 위의 예에서 73-37, 20-2, 61-16, …
- 4단계: 빼서 얻은 수가 한 자릿수가 아니면, 다시 2단계를 걸쳐 3단계를 반복해.
- 5단계: 답이 한 자릿수가 나올 때까지 계속해봐. 해봤

니? 어떤 답이 나왔어?

신기하게도 한 자릿수에 이르렀을 때 답이 9라는 거야. 실제로 해볼까?

37을 선택했다면 다음과 같이 되지.

2단계: 73

3단계: 73-37=36

4단계: 36이 한 자릿수가 아니니 다시 63-36=27

5단계: 다시 72-27=45

6단계: 다시 54-45=9

20을 택했다면 다음과 같이 돼.

20-02=18 → 81-18=63 → 63-36=27 → 72-27=45 → 54-45=9

16을 택해도 마찬가지야.

61-16=45 → 54-45=9

원래 이는 서로 다른 두 개의 숫자로 이루어진 네 자릿수에 대한 카프리카 상수Kaprekar Constant에 대한 것인데, 절차는 다음과 같아.

- 1단계: 최소한 서로 다른 두 개의 숫자로 이루어진 네 자릿수를 선택해.
- 2단계: 선택한 수의 네 개 숫자를 이용해 가장 큰 수와 가장 작은 수를 구해. 즉 오름차순과 내림차순으로 정리해 두 개 수를 구해.
- 3단계: 큰 수에서 작은 수를 빼.
- 4단계: 뺀 수가 6174가 아니면, 뺀 수에 대해 2단계와 3단계를 다시 반복해.
- 5단계: 반복해서 얻은 수가 6174가 아니면, 2단계를 걸쳐 3단계를 또 반복해.

놀라운 사실은 이런 식으로 계속하면 결국은 6174를 얻게 되고, '7641-1467=6174'가 되므로 이 모든 절차는 6174를 이룸으로써 마치게 된다는 거야. 그래서 이 신비한 수 6174를 처음 알아낸 카프리카Kaprekar의 이름을 따서 카프리카 상수라고 하지.

예를 들어볼까?

7173을 택했다고 하자.

2단계: 오름차순으로 정리한 수는 7731, 내림차순으로 정리한 수는 1377.

3단계: 7731-1377=6354. 6174가 아님.

4단계: 6354를 오름차순과 내림차순으로 정리한 후, 두 수를 빼면 6543-3456=3087.

5단계: 3087을 오름차순과 내림차순으로 정리한 후, 두 수를 빼면 8730-378=8352.

6단계: 8352를 오름차순과 내림차순으로 정리한 후, 두 수를 빼면 8532-2358=6174.

더욱 재미있는 것은 어떤 수를 택해서 이런 절차를 거치든, 오름차순과 내림차순으로 정리한 후 빼는 단계가 7번이 되기 전에 결국은 6174에 이른다고 해. 신기하지?

그럼 이번에는 서로 다른 숫자로 이루어진 세 자릿수를 선택해서, 방금 본 네 자릿수와 같은 단계를 거치면 결국 어떤 수에 도달하는지 알아볼까?

어떤 수도 좋으니 직접 한번 해봐! 정말 신기하고 놀라운 경험이 될 거야.

파스칼의 삼각형
- 11을 곱하면 재미있는 일이 일어나!

앞에서 9라는 수의 재미있는 면을 살펴보았지?

11에도 재미있는 일이 일어나.

어떤 수에 11을 곱하면 어떻게 될까? 예를 들어 ab라는 수에 11을 곱해보자.

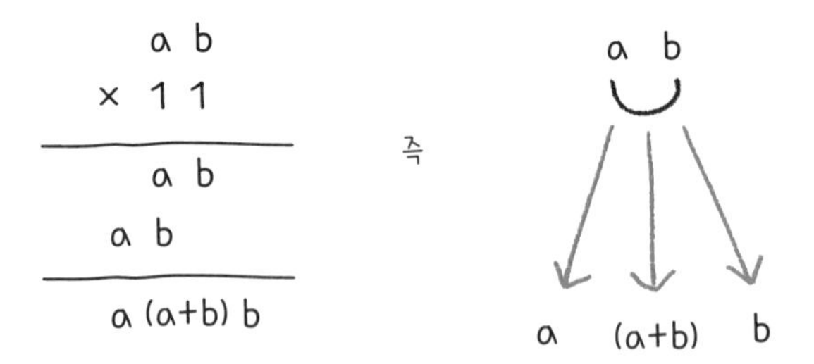

그림에서 보는 것처럼 어떤 수에 11을 곱하면 재미있는 현상이 나타나.

우선 항상 첫 번째 자릿수는 a, 마지막 자릿수는 b이고, 그 사이에 있는 자릿수는 원래 수에서 이어져 있는 두 개 자릿수의 값을 더한 거야(거꾸로 275와 같은 수는 '7=2+5'가 되니, 11로 나누어지겠지).

이번에는 11×11, 11×11×11, 11×11×11×11의 결과를 볼까?

$$11\times11=121$$

$$121\times11=1331$$

$$1331\times11=14641$$

계산 결과를 보면 첫 번째 자릿수와 마지막 자릿수는 1이고, 그 사이에 있는 수는 원래 수에서 이어져 있는 두 개 자릿수의 값을 더한 것임을 알 수 있지?

이 수를 다음과 같이 나열한 것을 파스칼의 삼각형이라고 해.

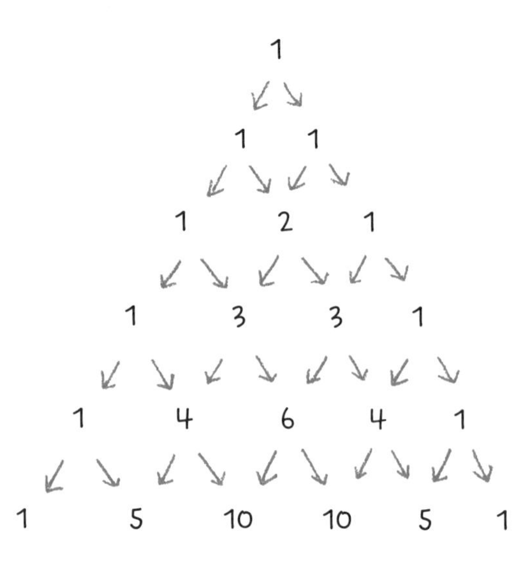

파스칼의 삼각형은 다음과 같은 방법으로도 구할 수 있어. 다음 그림처럼 바둑판 모양의 도로망이 있다고 하자. 자동차가 시작 지점인 (0, 0)에서 출발해 (x, y)에 최단 거리로 도달하는 경우가 몇 가지인지를 구한다고 해.

여기서 동쪽으로 1칸 가는 것을 문자 x로 쓰고 북쪽으로 1칸 가는 것을 y로 쓰면, 그림 옆에 써놓은 것과 같이 (0, 0)에서 (2, 1)에 도달하는 세 가지 경우가 있고, (0, 0)에서 (1, 2)까지 도달하는 데에도 세 가지 경우가 있어. 그럼 (0, 0)에서 (2, 2)에 도달하는 경우는 몇 가지일까?

우선 (2, 2)로 가려면 (1, 2) 지점 혹은 (2, 1) 지점을 거쳐야겠지? 따라서 (0, 0)에서 (1, 2) 지점을 거쳐 (2, 2)에 가는 세 가지 경우와 (0, 0)에서 (2, 1) 지점을 거쳐 (2, 2)로 가는 경우 세 기지를 합쳐 여섯 가지 경우가 되지.

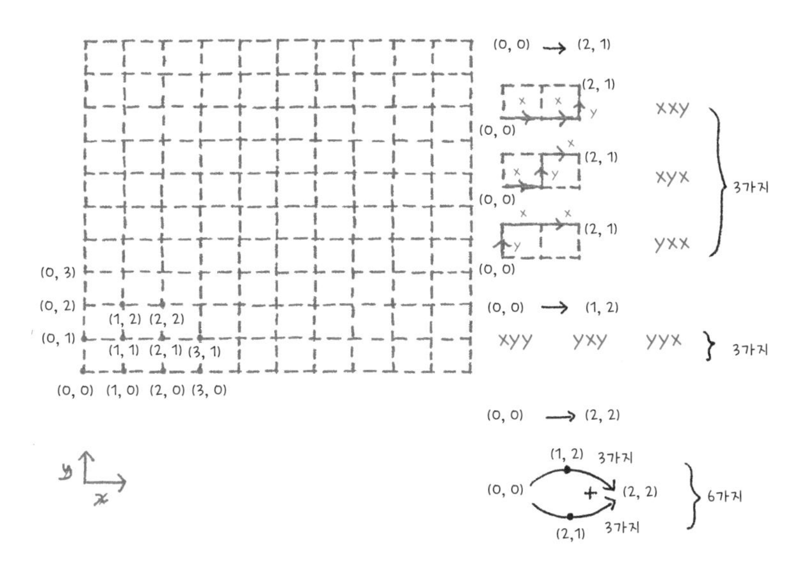

(0, 0)에서 출발해 (x, y)에 도달하는 경우의 수를 그 지점에다 써넣으면 다음 그림과 같이 돼. 즉 (1, 2) 지점에 3, (2, 1) 지점에 3, (2, 2) 지점에는 6을 쓰는 거지. 그리고 나열한 수를 135° 회전하면, 무엇이 나올까?

바로, 파스칼의 삼각형이야!

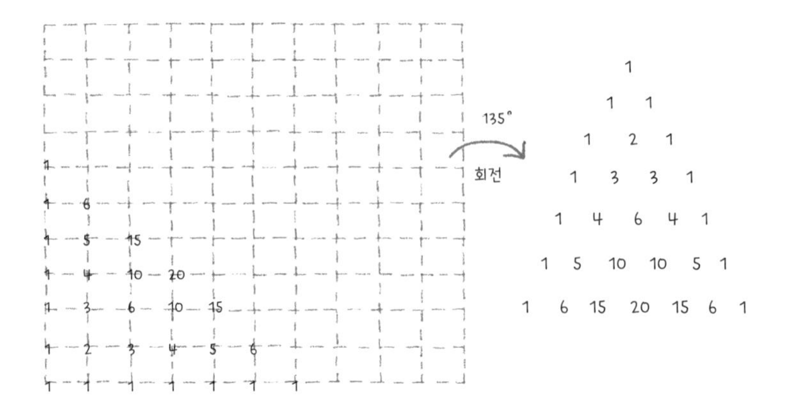

11×11, 11×11×11, …을 구하는 것과 (0, 0)에서 (x, y)에 도달하는 경우의 수가 같다니, 신기하지.

파스칼의 삼각형에 대해 좀 더 깊이 알아볼까?

먼저, 1칸을 가면 도달하는 지점에 대한 모든 경우에 대해 방향과 경우의 수를 표시해보자.

(0, 0) → (1, 0) : x → 1

$(0, 0) \rightarrow (0, 1)$: $y \rightarrow 1$

그리고 2칸을 가야만 도달하는 지점에 대한 모든 경우에 대해 방향과 경우의 수를 표시해보자.

$(0, 0) \rightarrow (2, 0)$: $xx \rightarrow 1$

$(0, 0) \rightarrow (1, 1)$: $xy, yx \rightarrow 2$

$(0, 0) \rightarrow (0, 2)$: $yy \rightarrow 1$

이번에는 3칸을 가야만 도달하는 지점에 대한 모든 경우에 대해 방향과 경우의 수를 표시해보자.

$(0, 0) \rightarrow (3, 0)$: $xxx \rightarrow 1$

$(0, 0) \rightarrow (2, 1)$: $xxy, xyx, yxx \rightarrow 3$

$(0, 0) \rightarrow (1, 2)$: $xyy, yxy, yyx \rightarrow 3$

$(0, 0) \rightarrow (0, 3)$: $yyy \rightarrow 1$

한편으로 $x+y$, $(x+y)^2$, $(x+y)^3$을 전개해보자.

$$x+y$$

$$(x+y)^2=(x+y)(x+y)=xx+xy+yx+yy$$

$$(x+y)^3=(xx+xy+yx+yy)(x+y)$$
$$=xxx+xxy+xyx+xyy+yxx+yxy+yyx+yyy$$

여기서 $x+y$는 1칸을 가는 경우에 대한 문자를 더한 것이고, $(x+y)^2$은 2칸을 가는 경우에 대한 문자를 더한 것이고, $(x+y)^3$은 3칸을 가는 경우에 대한 문자를 더한 거야. 그런데 곱하기는 교환법칙이 성립하니까 전개한 것을 간략히 쓰면 다음처럼 돼.

$$x+y$$

$$(x+y)^2=x^2+2xy+y^2$$

$$(x+y)^3=x^3+3x^2y+3xy^2+y^3$$

같은 방법에 따라 $(x+y)^4$의 전개는 4칸을 가는 경우에 대한 문자를 더한 것으로 다음과 같이 되지.

$$(x+y)^4=x^4+4x^3y+6x^2y^2+4xy^3+y^4$$

이처럼 $(x+y)^n$의 전개는 n칸을 가는 경우에 대한 문자를 더한 것이라, 문자에 곱해진 수인 계수를 나열하면 파스칼의 삼각형이 되는 거야.

$(x+y)^n$을 전개한 식에 $x=1$, $y=1$을 대입해보자.

$$2=1+1$$
$$2^2=1+2+1$$
$$2^3=1+3+3+1$$
$$2^4=1+4+6+4+1$$
$$2^5=1+5+10+10+5+1$$
$$\vdots$$

어때? 파스칼의 삼각형 각 줄을 더하면 2의 거듭제곱 값이 나오게 되지?

왜 처음에 봤던 11을 곱해서 나오는 수, 그리고 자동차 도로망에서 경우의 수, 즉 $(x+y)^n$을 전개한 식의 계수와 관련되어 있을까? 그 이유는 다음의 곱셈을 잘 보면 알 수 있을 거야.

$$
\begin{array}{r}
x^2+2xy+y^2 \\
\times \quad x+y \\
\hline
x^2y+2xy^2+y^3 \\
x^3+2x^2y+xy^2 \quad \\
\hline
x^3+3x^2y+3xy^2+y^3
\end{array}
\quad \Leftrightarrow \quad
\begin{array}{r}
121 \\
\times \quad 11 \\
\hline
121 \\
121 \\
\hline
1331
\end{array}
$$

파스칼의 삼각형을 다른 측면에서도 볼 수 있어. 우선 파스칼의 삼각형에서 1을 전부 제거하고 다시 나열하면 다음과 같지.

$$
\begin{array}{c}
2 \\
3 \quad 3 \\
4 \quad 6 \quad 4 \\
5 \quad 10 \quad 10 \quad 5 \\
6 \quad 15 \quad 20 \quad 15 \quad 6 \\
\vdots
\end{array}
$$

1차원 직선에서 두 개의 점으로 두 개의 점 사이에 있는 부분을 가둘 수 있고, 2차원 평면에서 최소의 변을 이용한 닫힌 도형은 삼각형이고, 3차원 공간에서 최소의 면을 이용한 닫힌 도형은 사면체지.

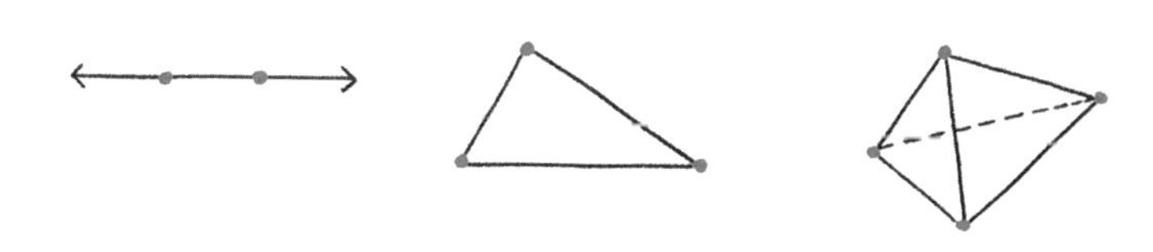

1차원의 직선에서 두 점은 물론 점의 개수가 2이고, 2차원의 삼각형은 점의 개수가 3이고 모서리의 개수도 3이지. 또한 3차원의 사면체에서 점의 개수는 4, 모서리의 개수는 6, 면의 개수는 4야. 이제 구한 점의 개수, 모서리의 개수, 면의 개수를 1차원부터 나열하면 다음처럼 돼.

2

3 3

4 6 4

앞에서 나열했던 수의 처음 세 줄과 같지? 이런 생각을 3차원 이상의 고차원으로도 확장할 수도 있어. 뒤에서 설명하겠지만 실은 4차원 공간에서 최소의 3차원의 면을 이용해 형성된 닫힌 도형은 점의 개수가 5, 모서리의 개수가 10, 2차원 면의 개수는 10, 3차원 면의 개수는 5야.

5　10　10　5

5차원, 6차원, …에서도 마찬가지로 앞에 나열한 파스칼의 삼각형 수와 정확하게 일치해. 신비롭지. 이제 왜 파스칼의 삼각형 수가 나오는지, 그리고 왜 이 수들이 서로 연결되는지 알아보자.

예를 들어 삼각형의 경우를 생각해보면, 평면상의 꼭짓점이 세 개가 있어서 변은 이 세 점 중에 임의로 두 점을 선택해 연결한 거지. 이 경우 세 개의 선택 가능성이 있어서 변의 개수가 3이 된 거야. 꼭짓점 세 개를 v_1, v_2, v_3으로 표시하고, 그 꼭짓점이 선택됐으면 x로 표시하고 선택되지 않았으면 y로 표시해 모든 경우의 수를 나타내면 다음과 같아.

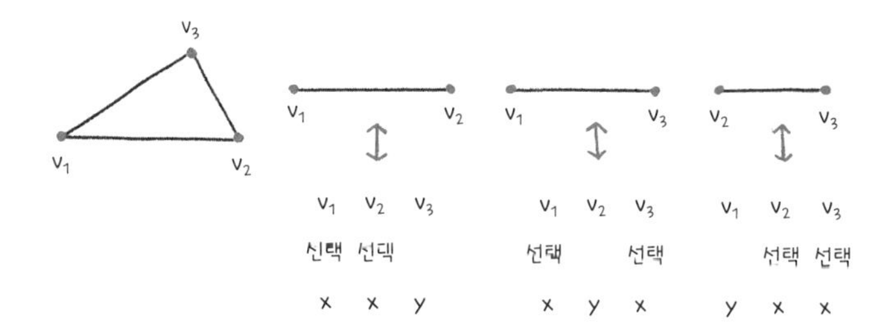

이것은 도로망의 경우에서 (0, 0)에서 (2, 1)로 가는 경우의 수와 정확하게 일치하지.

$$(0, 0) \rightarrow (2, 1) : xxy, xyx, yxx \rightarrow 3$$

사면체에 대해서도 생각해보면 3차원 공간상의 꼭짓점이 네 개가 있어서, 모서리는 이 네 점 중에 임의로 두 점을 선택해 연결한 거지. 이 경우 여섯 개의 선택 가능성이 있어서 모서리의 개수가 6이 된 거야. 이때 꼭짓점 네 개를 v_1, v_2, v_3, v_4라고 표시하고, 그 꼭짓점이 선택됐으면 x로 표시하고 선택되지 않았으면 y로 표시해 모든 경우의 수를 나타내면 다음과 같아.

v_1 v_2 v_3 v_4 → xxyy xyxy xyyx / yxxy yxxx yyxx → 여섯 개의 모서리

이것은 도로망의 경우에서 (0, 0)에서 (2, 2)로 가는 경우의 수와 일치하지.

(0, 0) → (2, 2) : xxyy, xyxy, xyyx, yxxy, yxyx, yyxx → 6

그리고 면은 네 점 중에 임의의 세 점을 선택하는 것인데, 이것을 표시하면 다음과 같아.

v_1 v_2 v_3 v_4 → xxxy xxyx xyxx yxxx → 네 개의 면

이것은 도로망의 경우에서 (0, 0)에서 (3, 1)로 가는 경우의 수와 일치하지.

(0, 0) → (3, 1) : xxxy, xxyx, xyxx, yxxx → 4

경우의 수를 영어를 사용해서 나타내는데, 예를 들어 네 칸에서 세 칸을 선택하는 경우의 수는 다음처럼 표시돼.

4 Choose 3

이것을 더 간략히 다음처럼 나타내기도 하지.

$$_4C_3$$

그러니 $_4C_3=4$인 거지. 그런데 알고 보면 네 점 중에 임의의 세 점을 선택하는 것은 나머지 한 점을 선택하지 않는 경우이니, 네 칸의 박스에서 나머지 한 점 y가 들어갈 칸을 정하는 것과 같잖아. 앞에서 이야기한 나머지 반대쪽을 떠올려봐. 그래서 $_4C_1=4$가 되는 거야.

이와 같이 4차원 공간의 도형의 경우를 다섯 개의 점으로 시작해서 임의의 점 두 개를 선택하는 경우, 임의의 점 세 개를 선택하는 경우, 임의의 점 네 개를 선택하는 경우를 생각하여 점의 개수, 모서리의 개수, 2차원 면의 개수, 3차원 면의 개수를 각각 구하면 5, 10, 10, 5를 얻게 돼. 그런 방법으로 구한 점, 모서리, 2차원의 면, … 등의 개수를 나열하면 앞에서 본 파스칼의 삼각형 수가 나오지.

$$ {}_2C_1=2 $$

$$ {}_3C_1=3 \quad {}_3C_2=3 $$

$$ {}_4C_1=4 \quad {}_4C_2=6 \quad {}_4C_3=4 $$

$$ {}_5C_1=5 \quad {}_5C_2=10 \quad {}_5C_3=10 \quad {}_5C_4=5 $$

$$ \vdots $$

$$ {}_nC_1=n \quad \cdots \quad {}_nC_r \quad \cdots \quad {}_nC_{n-1}=n $$

그런데 파스칼의 삼각형 수들의 성질에 의해 ${}_nC_{r-1}+{}_nC_r={}_{n+1}C_r$이 성립하지. 또한 $(x+y)^n$의 전개도 다음과 같이 할 수 있어.

$$ (x+y)^3=x^3+{}_3C_1x^2y+{}_3C_2xy^2+y^3 $$

$$ (x+y)^4=x^4+{}_4C_1x^3y+{}_4C_2x^2y^2+{}_4C_3xy^3+y^4 $$

$$ \vdots $$

$$ (x+y)^n=x^n+{}_nC_1x^{n-1}y+{}_nC_2x^{n-2}y^2+\cdots+{}_nC_{n-2}x^2y^{n-2}+{}_nC_{n-1}xy^{n-1}+y^n $$

오일러 수
- 수로 우주를 보다

그런데 파스칼의 삼각형을 왜 공간 도형에까지 연결했을까? 그것은 수학자들이 오일러 수Euler number라는 값을 매우 중요하게 생각해서야.

3차원 공간에서 꼭짓점, 모서리, 면으로 이루어진 도형의 꼭짓점 수를 v, 모서리(평면 도형에서는 변)의 수를 e, 면의 수를 f라 할 때 'v-e+f'의 값을 도형의 오일러 수라고 해. 예를 들어 사면체의 오일러 수는 v-e+f=4-6+4=2이고, 삼각형 테두리의 오일러 수는 v-e=3-3=0이 되지.

3차원 공간에서와 마찬가지로 일반적인 n차원 공간에 있는 도형의 꼭짓점 수를 v, 모서리의 수를 e, 2차원 면의 수를 f_2, 3차원 면의 수를 f_3, … n차원 면의 수를 f_n이라 할 때 $v-e+f_2-f_3+ \cdots +(-1)^n f_n$의 값을 도형의 오일러 수라고 해.

앞에서 언급한 n차원 공간에서 최소의 면을 이용한 닫힌 도형의 오일러 수를 1차원부터 나열하면 다음과 같아.

$$3 - 3=0$$

$$4 - 6 + 4=2$$

$$5 - 10 + 10 - 5=0$$

$$6 - 15 + 20 - 15 + 6=2$$

$$\vdots$$

이렇게 0, 2, 0, 2, …가 계속 반복될까? 이것을 알아보기 위해 전개식을 다시 살펴보자.

$$(x+y)^3=x^3+3x^2y+3xy^2+y^3$$

$$(x+y)^4=x^4+4x^3y+6x^2y^2+4xy^3+y^4$$

$$(x+y)^5=x^5+5x^4y+10x^3y^2+10x^2y^3+5xy^4+y^5$$

$$(x+y)^6=x^6+6x^5y+15x^4y^2+20x^3y^3+15x^2y^4+6xy^5+y^6$$

$$\vdots$$

여기서 $x=1$, $y=-1$을 대입하면 다음과 같이 되지.

$$0=(1-1)^3=1-3+3-1 \quad \rightarrow \quad 3-3=0$$

$$0=(1-1)^4=1-4+6-4+1 \quad \rightarrow \quad 4-6+4=2$$

$$0=(1-1)^5=1-5+10-10+5-1 \quad \rightarrow \quad 5-10+10-5=0$$

$$0=(1-1)^6=1-6+15-20+15-6+1 \quad \rightarrow \quad 6-15+20-15+6=2$$

이처럼 n이 짝수일 때는 $1+(-1)^n=1+1=2$이고, n이 홀수일 때는 $1+(-1)^n=1-1=0$이 되어 2, 0, 2, 0, … 이렇게 반복되어 나오는 거야.

평면 위에서 한 정점(중심)으로부터 같은 거리에 있는 모든 점을 모은 것을 원이라고 하고, 3차원 공간 위에서 한 정점(중심)으로부터 같은 거리에 있는 모든 점을 모은 것을 구(2차원 구)라고 하지. 마찬가지로 n차원 공간 위에서 한 정점(중심)으로부터 같은 거리에 있는 모든 점을 모은 것을 (n-1)차원 구라고 해.

우주를 연구할 때는 고차원 구에 대한 정보가 중요한 역할을 하는데, 그중 오일러 수의 의미가 매우 깊어.

한편, 한 도형에서 그 도형에 있는 서로 다른 두 점을 중복되지 않게 늘이거나 줄이거나 구부려서 얻어지는 변형된 도형을 처음의 도형과 연결 상태가 같은 도형이라고 해. 이때 원래의 도형과 변형된 도형의 오일러 수 값은 변치 않고 같다는 것이 알려져 있어.

그런데 n차원 공간에서 최소의 면을 이용한 닫힌 도형을 연결 상태가 같게 (n-1)차원 구로 변형할 수 있어. 그러므로 고차원 공간에서 최소의 면을 이용한 닫힌 도형의 오일러 수를 이용하여 고차원 구의 오일러 수를 구할 수 있지.

1차원 구(원)의 오일러 수는 0

2차원 구(공)의 오일러 수는 2

3차원 구의 오일러 수는 0

4차원 구의 오일러 수는 2

n차원 구의 오일러 수는 $1+(-1)^n$

11을 곱한 수에 대한 이야기가 고차원 구에 관한 성질에까지 연결되다니 수학의 세계는 정말 신비롭고도 놀랍지?

피타고라스,
수는 만물의 근원이다

수는 아름다움과 보편성 그 둘 모두를 갖고 있어. 우선 수의 아름다움에 대해 생각해볼까?

피타고라스는 아름다운 화음이 현 길이의 비와 관계가 깊다는 것을 발견했어. 음악이 수학과 밀접한 관계가 있다는 사실은 알고 있지? 음과 음 사이는 수로 계산되며 아름다운 화음을 이루는 1도 화음, 4도 화음, 5도 화음, 7도 화음… 등에도 수학이 숨어 있어.

'아름답다'라는 말은 그리스어로 'Kalos'인데, 이 단어는 '좋다'라는 뜻도 갖고 있어. 그래서 고대 그리스 사람들은 아름다운 모습을 띠는 것이 올바르고 좋은 성질을 갖고 있기 때문에 선함과 연결되어 있다고 생각했지. 곧 선함은 좋음이고, 이는 아름다움일 수 있는 거지.

피타고라스는 우리가 순수하게 아름답고 완전한 수의 원리에 집중하고 숙고함으로써 우리의 영혼이 선해질 수 있다고 했어. 순수하고 아름다운 수학을 공부하다 보면 사람이 아름다워지고 선해진다는 이야기겠지?

더 나아가 피타고라스는 '수'를 우주의 근원이라고 생각했어. 여러 가지 현상에서 잡다한 것들을 걷어내면, 많은 것이 수적 관계에 의존한다는 것을 알게 되었지. 우주가 질서 정연하게 움직이고 아름답게 조화를 이루는 근본원리도 수의 비례관계에 의한 것이라는 결론에 도달한 그는 '수는 만물의 근원이다'라고 주장했어.

이제 수의 보편성에 대해 생각해보려 해. 수의 모든 원리는 보편성을 띠고 있어. 기호화할 수 있다는 것은 보편성을 지닌다는 의미지. 2+3과 3+2가 같다는 경험을 통해 수학에서는 이것을 기호화하여 모든 실수 a, b에 대해서도 a+b와 b+a가 같다는 결론을 끌어내. 우리가 모든 수를 다뤄보거나 경험해본 것도 아닌데, 어떻게 모든 수에서 a+b와

b+a가 같다는 것이 성립한다는 사실을 이해할 수 있는 걸까? 우리 모두의 마음이 이 보편성을 만들어낸 것이라고도 생각할 수 있겠지. 모든 것을 경험하지 않고도 알 수 있는 보편적인 수의 원리가 우리 모두의 마음속에 내재하고 있는 거지.

비록 수의 아름다움과 보편성을 처음으로 발견한 사람은 아닐지라도, 우리는 그것들을 본래부터 지니고 있고 끊임없이 추구하며 향유하고 발전시키는 고귀한 존재들이야.

이야기 되돌아보기 3

가우스
Carl Friedrich Gauss, 1777~1855

수학의 왕이라 불리는 독일의 수학자로 대수학, 해석학, 기하학 등에 위대한 업적을 남겼다. 가우스는 열 살 때 '1에서 100까지의 합을 구하라'는 문제에 일정한 규칙이 있음을 발견하고, 다른 학생들처럼 1부터 차례로 더해나가지 않고, 1과 맨 마지막 수인 100을 더하면 101, 2와 99를 더하면 101… 이렇게 더하면 101이 50개이므로 합은 50×101=5050이라고 계산했다. 그는 어려운 환경에서 태어났지만, 그의 천재성과 성실함으로 어려움을 극복하고 역사상 가장 위대한 수학자로 불리게 되었다.

파스칼
Blaise Pascal, 1623~1662

파스칼은 짧은 인생을 살았지만, 수학뿐만 아니라 물리학, 철학, 신학 등 다양한 분야에서 의미깊은 업적을 이루었다. 파스칼의 삼각형은 자연수를 삼각형 모양으로 배열한 것으로 인도와 중국에서 이미 그것에 대해 알고 있었으나 파스칼이 체계적인 이론을 만들었기 때문에 '파스칼의 삼각형'이라 부르게 되었다.

그는 "인간은 연약한 갈대이다. 하지만 생각하는 갈대이다"와 같은 유명한 명언을 남겼다.

오일러
Leonhard Euler, 1707~1783

스위스의 수학자이자 물리학자로 역사상 가장 위대한 수학자 중 한 명이다. 오일러는 꼭짓점, 모서리, 면의 개수 사이에 긴밀한 관계가 있음을 알아냈는데, 이는 수학의 핵심인 위상수학의 서막을 여는 의미 깊은 발견이었다.
원주율 π가 연관된 '오일러 공식'은 세상에서 가장 아름다운 공식으로 불리기도 한다. 인생의 말년에 완전히 시력을 잃었지만, 그 시기에도 400여 편이 넘는 논문을 작성했다.

피타고라스
Pythagoras, BC 580~BC 500

그리스 초기의 철학자이자 수학자인 그는 '수'를 만물의 근원이라고 생각했다. 그는 여러 가지 현상에서 잡다한 것들을 거두어 내면, 많은 것들이 수적 관계에 의존한다는 것을 알게 되었다. 피타고라스는 수학을 '눈에 보이는 현실과 진정한 실제를 연결하는 다리'라고 생각했다. 피타고라스와 그 학파의 위대한 수학적 작업은 이후에 유클리드에 의해 집대성되었다.

어때? 수의 세계, 정말 아름답지?
이렇게 호기심과 순수함으로 가득한
수의 세계를 신나게 여행하다 보면
어느새 수학이 즐거워지고,
수학 자신감이 넘치는 나를 발견하게 될 거야!
기대해!

KI신서9706

이런 수학은 처음이야 2

1판 1쇄 발행 2021년 5월 20일
1판 9쇄 발행 2024년 6월 10일

지은이 최영기
펴낸이 김영곤
펴낸곳 ㈜북이십일 21세기북스

서가명강팀장 강지은 **서가명강팀** 박강민 서윤아
디자인 THIS-COVER
출판마케팅영업본부장 한충희
마케팅2팀 나은경 정유진 백다희 이민재
출판영업팀 최명열 김다운 김도연 권채영
제작팀 이영민 권경민

출판등록 2000년 5월 6일 제406-2003-061호
주소 (10881)경기도 파주시 회동길 201(문발동)
대표전화 031-955-2100 **팩스** 031-955-2151 **이메일** book21@book21.co.kr

ISBN 978-89-509-9549-2 03410